专项职业能力考核培训教材

茸、泥、蓉加工与菜肴制作

人力资源社会保障部教材办公室　组织编写

主　　编：舒华德

副主编：彭　军

主　　审：严惠琴

中国劳动社会保障出版社

图书在版编目（CIP）数据

茸、泥、蓉加工与菜肴制作/人力资源社会保障部教材办公室组织编写. -- 北京：
中国劳动社会保障出版社，2021

专项职业能力考核培训教材

ISBN 978-7-5167-5209-8

I.①茸…　II.①人…　III.①烹饪-职业培训-教材　IV.①TS972.1

中国版本图书馆 CIP 数据核字（2021）第 258177 号

中国劳动社会保障出版社出版发行

（北京市惠新东街 1 号　邮政编码：100029）

*

三河市华骏印务包装有限公司印刷装订　　新华书店经销

787 毫米 ×1092 毫米　16 开本　9.25 印张　136 千字
2021 年 12 月第 1 版　　2021 年 12 月第 1 次印刷

定价：38.00 元

读者服务部电话：（010）64929211/84209101/64921644

营销中心电话：（010）64962347

出版社网址：http://www.class.com.cn

前　言

　　职业技能培训是全面提升劳动者就业创业能力、促进充分就业、提高就业质量的根本举措，是适应经济发展新常态、培育经济发展新动能、推进供给侧结构性改革的内在要求，对推动大众创业万众创新、推进制造强国建设、推动经济高质量发展具有重要意义。

　　为了加强职业技能培训，《国务院关于推行终身职业技能培训制度的意见》（国发〔2018〕11号）、《国务院办公厅关于印发职业技能提升行动方案（2019—2021年）的通知》（国办发〔2019〕24号）提出，要深化职业技能培训体制机制改革，推进职业技能培训与评价有机衔接，建立技能人才多元评价机制，完善技能人才职业资格评价、职业技能等级认定、专项职业能力考核等多元化评价方式。

　　专项职业能力是可就业的最小技能单元，劳动者经过培训掌握了专项职业能力后，意味着可以胜任相应岗位的工作。专项职业能力考核是对劳动者是否掌握专项职业能力所做出的客观评价，通过考核的人员可获得专项职业能力证书。

　　为配合专项职业能力考核工作，人力资源社会保障部教材办公室组织有关方面的专家编写了这套专项职业能力考核培训教材。该套教材严格按照专项职业能力考核规范编写，教材内容充分反映了专项职业能力考核规范中的核心知识点与技能点，较好地体现了适用性、先进性与前瞻性。教材编写过程中，我们还专门聘请了相关行业和考核培训方面的专家参与教材的编审工作，保证了教材内容的科学性及与考核细目、题库的紧密衔接。

　　专项职业能力考核培训教材突出了适应职业技能培训的特色，不但有助于读者通过考核，而且有助于读者真正掌握专项职业能力的知识与技能。

本教材在编写过程中得到上海市职业技能鉴定中心、上海市餐饮烹饪行业协会等单位的大力支持与协助，在此一并表示衷心感谢。

教材编写是一项探索性工作，由于时间紧迫，不足之处在所难免，欢迎各使用单位及个人对教材提出宝贵意见和建议，以便教材修订时补充更正。

人力资源社会保障部教材办公室

目 录

项目1 茸及其菜肴制作 001

  任务1 制茸基础 002

  知识准备 002

  任务2 水产类茸菜制作 007

  知识准备 007

  操作技能 017

  百粒虾球 017

  吐司琵琶大虾 020

  锅贴鱼 023

  罗汉虾 026

  任务3 禽类茸菜制作 029

  知识准备 029

  操作技能 035

  鸡茸鸽蛋吐司（桃形） 035

  鸡茸鱼肚 038

  珍珠鸡脯 041

  任务4 畜类茸菜制作 044

  知识准备 044

  操作技能 052

  肉茸火腿吐司 052

  练习与检测 055

项目2 泥及其菜肴制作 057

  任务1 制泥基础 058

  知识准备 058

  任务2 豆类泥菜制作 064

  知识准备 064

  操作技能 073

  炒青豆泥 073

  炒赤豆泥 076

任务 3　根茎类泥菜制作　079

知识准备　079

操作技能　089

葱油芋芳泥　089

炒山药泥　092

任务 4　混合类泥菜制作　094

知识准备　094

操作技能　106

炒素蟹粉　106

太极双泥　109

练习与检测　112

项目 3　蓉及其菜肴制作　115

任务 1　制蓉基础　116

知识准备　116

任务 2　芙蓉菜制作　119

知识准备　119

操作技能　130

芙蓉鸡片　130

炒鲜奶　133

鸳鸯鸡粥　135

鸡茸豆花汤　138

练习与检测　141

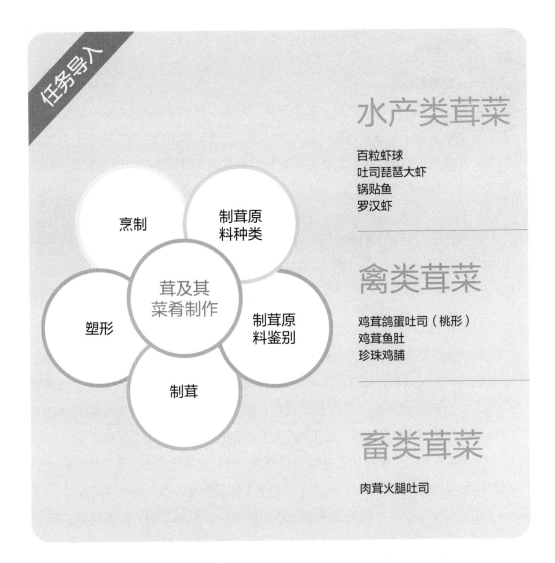

任务导入

水产类茸菜

百粒虾球
吐司琵琶大虾
锅贴鱼
罗汉虾

禽类茸菜

鸡茸鸽蛋吐司（桃形）
鸡茸鱼肚
珍珠鸡脯

畜类茸菜

肉茸火腿吐司

烹制

制茸原料种类

茸及其菜肴制作

塑形

制茸原料鉴别

制茸

任务 1

制茸基础

任务目标

1. 了解制茸的概念
2. 掌握茸料与茸胶的特点
3. 掌握制茸的原理
4. 能根据人体营养需要选择制茸原料
5. 掌握制茸卫生

知识准备

一、制茸的概念

制茸是指选用动物性原料（如水产类、禽类、畜类等）的肌肉组织部分，将其刀工处理成极细的茸状之后，加入调味品、淀粉、鸡蛋清等搅拌至上劲的加工工艺。制茸属于精细加工。茸菜制作以茸料为基础，以调味与塑形为手段，加以烹调方法，最终形成成品。

> ■ 在粤菜中，虾茸、鸡茸等习惯被称为"百花"；在川菜中，制茸被称为"制糁"，常见的"糁"有肉糁、鱼糁、鸡糁、虾糁、兔糁等；在鲁菜中，茸被称为胶，如虾胶、鱼胶等；在江浙一带，茸被称为缔子，如虾缔子、鱼缔子、鸡缔子等。

1. 茸料加工

茸料通常由鱼肉、虾肉、鸡肉、猪肉等制成。用鱼肉制成的茸料称为鱼茸，用虾肉制成的茸料称为虾茸，用鸡肉制成的茸料称为鸡茸，用猪肉制成的茸料称为肉茸（由于其他畜肉很少用于制作茸料，因此肉茸一般指用猪肉制成的茸料）。

茸料的加工方式分为手工加工和机械加工两种。

（1）手工加工。手工加工主要采用排剁、捶、过筛等方法。手工加工制成的茸料无筋膜残留，质地细腻，黏性大，但手工加工速度较慢，操作时间较长。

（2）机械加工。机械加工主要使用粉碎机。机械加工时，要求搅拌方向正确。机械加工的主要优点是速度快，但是在投料前要将原料的筋膜、外皮、小骨、软骨、刺等去除干净，以使茸料纯净细腻，另外，需注意投料量要准确，量多、量少都会导致搅拌不均匀。此外关键的一点是原料在搅拌前要有一定的湿度，这样才能在搅拌时确保被粉碎彻底。

由于粉碎机转速较快，原料温度升得很快，因此搅拌时间不能太长，一般连续搅拌时间超过 3 分钟会造成粉碎机发热、停机，半小时后才能恢复使用。如遇炎热天气，在投料时要适当加入一些冰水或冷水，这样可避免原料发热变质。

机械加工也可使用绞肉机，在前期处理原料时同样要将筋膜、外皮、小骨、软骨、刺等去除干净，且要反复绞六次才能达到茸料细腻的要求，一般在茸料需求量较大时采用。

2. 调味与搅拌

茸料经调味与搅拌后形成茸胶。根据所用辅料的不同，茸胶一般可以分为硬性茸胶、软性茸胶和嫩性茸胶三种，以适应不同的烹调需要。例如，硬性虾茸胶是掺入熟肥膘、干淀粉（即生粉）及调料搅拌而成的，适用于炸、煎、贴等烹调方法，成品不收缩变形，鲜嫩油润；软性虾茸胶是掺入生肥膘、鸡蛋清及调料搅拌而成的，其黏性大，可塑性强，适用于蒸、烧、汆等烹调方法；嫩性虾茸胶是掺入鸡蛋清、干淀粉及调料搅拌而成的，适用于制作各种精细的蒸类菜肴。

二、茸料与茸胶的特点

茸料的色泽一般泛白，晶莹透亮，洁净而无杂质。茸胶呈胶体，黏性大，稳定性强，不易澥，可塑性强，利于菜品造型和点缀。成品茸菜有口感细腻、紧实、富有弹性的特点。

> ■ 茸料经过调味、搅拌后塑形，可形成各种形状。兰花熊掌、凤尾鱼翅、吐司琵琶大虾、锅贴火腿、百花鱼肚、掌上明珠、绣球干贝等都是利用茸胶的黏性和可塑性制作而成的著名菜品。

三、制茸的原理

1. 剁制原理

制茸用的原料大多是水产类、禽类、畜类的肌肉组织部分，这些肌肉组织主要由肌纤维组成，用刀剁制时，由于顺肌纤维方向不易切割，因此需用刀工反复处理才能使肌纤维分离或断裂。制成的茸料实际上是由许多由肌纤维组成的细茸和肉液组成的混合物。

2. 调味原理

茸料调味通常以咸鲜味为主，主要调料有葱姜汁、精盐、味精、胡椒粉等，要求茸料达到咸鲜适口、无异味、色泽洁白（畜类茸料要求色泽淡红）的标准。调味时要准确下料，以防止辛辣味偏重或偏淡，或口味偏咸等。注意不能使用有色调料。

茸料调味时注意不能放黄酒，因为其含有的乙醇（即酒精）会分解蛋白质，时间长了会使茸料发酵变酸，应用葱姜汁代替。葱姜汁是用葱丝和姜丝在清水中浸泡再揉捏几下后取汁制成的。

制茸原料中含有肌动蛋白和肌球蛋白，肌动蛋白不溶于水，肌球蛋白溶解于盐水，且溶解的最佳温度为 4℃。一般来说，原料越新鲜，肌球蛋白含量越高，茸料吃水量就越大。

3. 搅拌原理

原料经加工成茸料后产生了一些劲力，当加入精盐、鸡蛋清、淀粉等，顺着一个方向搅动茸料时，肉液、鸡蛋清等逐渐形成黏性薄膜均匀地包裹细茸。这些细茸由于搅动产生的挤压与摩擦而变形，原来卷曲的被拉直，原来直的被拉长。沿一个方向搅动的次数增多后，细茸的方向趋于一致，并逐渐形成细茸束。肌纤维具有弹性，被拉长的肌纤维有缩回原来的长度而使变形消失的趋势，因此细茸也有回缩的趋势，但是由于搅动后肉液的黏滞作用，以及由于搅动也会使细茸束扭转而像棉花纺线一样拧在一起，使细茸之间的摩擦力进一步增大，因此肌纤维不易恢复原来的长度，这就在茸料中产生一种内力。这种内力使茸料的机械强度提高，细茸的弹性大大增加，也就是使茸料"上劲"了，用这样的茸料氽制丸子，口感脆嫩而富有弹性。

搅拌茸料时，一定要朝一个方向搅动，若反向搅动，则会使形成的内力消除而使茸料的劲力减小。另外，制茸讲究快搅，这主要是因为随着时间的推移，细茸会发生移动而使内力松弛下来，产生澥的现象，使劲力减小。

四、茸的营养

食物是人类生存的重要基础，由各种化学成分组成。人们每天通过饮食从食物中获得身体所必需的各种物质，以满足生长发育、维持健康和从事各种活动的需要，这些物质称为营养素。人体为满足生理活动的需要，从食物中摄取、消化、吸收和利用营养物质的整个过程称为营养。食物的营养价值由食物中所含营养素的种类、数量及其生理价值决定。

人体所需要的营养素有六类，即糖类、蛋白质、脂肪、无机盐、维生素和水。这些营养素也是组成人体的物质基础。由于组成人体的物质不断地被消耗，因此人们只有通过食物不断补充营养，才能保持机体平衡，维持健康。

茸料由动物性原料的肌肉组织部分制成，富含蛋白质。将原来长的纤维组织经过刀工处理转变成极细的茸，有利于人体消化，提高了吸收率。另外，在搅拌前加入各种调料和辅料后，营养素配比更合理，营养价值更高，口味更佳，有利于提高食欲。

1. 水产类

（1）鱼茸的营养。鱼类制茸主要取用河鱼。河鱼肉质细嫩、松软，进食后容易消化，消化率达 89%，是膳食中蛋白质、无机盐、维生素的良好来源。

鱼类营养素中，蛋白质占比为 15%~20%，属于完全蛋白质，其必需氨基酸的组成与肉类所含蛋白质接近，其中，赖氨酸、蛋氨酸的含量较高。鱼类无机盐含量比肉类高 1%~2%，主要含有钾、钙、磷等，也含有硫、铁、碘等。

（2）虾茸的营养。虾类分河虾和海虾，主要品种有龙虾、对虾、白虾、青虾、草虾、斑节虾等。虾肉蛋白质含量较高，并含有脂肪、糖类、钙、磷、铁、碘、维生素 A、维生素 B_1、维生素 B_2 等。其中，海虾的营养价值更高，其蛋白质含量比河虾高 20%，维生素 A 含量比河虾高 40%，还含有丰富的维生素 E（抗衰老）、碘等。

2. 禽类

制茸的禽类原料多为鸡肉。鸡茸中蛋白质占23.3%，脂肪占1.2%，水分占74%，无机盐占1.1%。由于禽肉有较多柔软的结缔组织，且脂肪均匀地分布于肌肉组织，因此禽肉比畜肉味道更鲜美，更易于消化。烹调中，禽肉的含氮浸出物（经烹调释放的盐溶性蛋白质、肌肽、肌酸、氨基酸等物质，总称为含氮浸出物）量随禽类年龄而异，幼禽肉的含氮浸出物较少，而老禽肉的含氮浸出物较多，这就是一般用老母鸡煨汤而用仔鸡小炒的原因。通常制鸡茸选用嫩的鸡脯肉或鸡里脊肉制作，这两者蛋白质含量高。

3. 畜类

制茸的畜类原料主要包括猪肉、兔肉等。畜肉的蛋白质是完全蛋白质，其氨基酸的组成接近人体蛋白质，人体对其的消化利用率很高。肉汤中含氮浸出物越多，味道越浓，刺激胃液分泌的作用就越大。通常肉茸原料为猪里脊肉等，其肉质细嫩而富有营养。

五、制茸卫生

对茸料进行操作时，要注意个人卫生，双手和工作服要保持清洁，制茸设备、器具等也要保持卫生。成品茸由于营养丰富，因此适合各类细菌生长。成品茸不宜久置，室温下的放置时间不要超过6小时。成品茸必须加盖放置，否则易遭受葡萄球菌、李斯特菌、肉毒梭状芽孢杆菌等的污染。

任务 2
水产类茸菜制作

任务目标

1. 了解水产类制茸原料
2. 能对水产类制茸原料进行鉴别
3. 能对水产类制茸原料进行初步处理
4. 能正确运用刀法进行水产类茸料加工
5. 能对水产类茸料进行正确调味与搅拌
6. 能对水产类茸料进行塑形
7. 能掌握水产类茸菜制作关键

知识准备

一、水产类制茸原料简介

水产品按生物学分类可分为鱼类、甲壳动物类、软体动物类、爬行动物类、腔肠动物类、棘皮动物类、海藻类七大类。

水产类制茸原料通常选用鱼、虾和软体动物。鱼一般选用淡水鱼中的鳜鱼、草鱼、黑鱼，虾选用河虾或海虾都可，软体动物一般选用墨鱼。下面介绍几种常用的水产类制茸原料。

1. **鱼**

（1）鳜鱼。鳜鱼（见图 1-1）又称桂花鱼、石桂鱼、季花鱼、鳌花鱼、鳜豚、锦鳞鱼等，为鲈形目鮨科鳜属。

1）鳜鱼的形态与分布。鳜鱼呈扁形，阔腹、大口、细鳞，有黑

图 1-1　鳜鱼

斑、彩斑，色明者为雄，色暗者为雌，背鳍处有排列整齐的硬刺，尾鳍处也有硬刺。鳜鱼的硬刺有毒，被刺伤后，伤处肿痛甚烈，人会发热畏寒。鳜鱼产于江河湖泊之中，全国各地均有分布。松花江鳜鱼与黄河鲤鱼、松江四鳃鲈鱼、兴凯湖大白鱼并称中国"四大淡水名鱼"。

2）鳜鱼的食用。鳜鱼自古就被我国百姓食用，以春令时为最鲜，鱼肉丰厚，肉质洁白细嫩，味鲜美，骨、刺少，为鱼中上品。鳜鱼可用多种方法进行烹调，鲜活品最宜清蒸，醋熘亦佳，还可烧、炸、烤等。鳜鱼作为筵席大菜时多用整料，也可整鱼出骨后加工成块、片、丝、丁、茸等使用。

3）鳜鱼的营养与功效。每100 g鳜鱼肉含蛋白质15~19 g，脂肪0.4~3.5 g，并含有少量的钙、磷等。中医认为，鳜鱼肉性平味甘，具有补气血、益脾胃的功效，可用于补虚劳。

（2）草鱼。草鱼（见图1-2）又称白鲩、鲩鱼、草鲩、草根、厚子鱼、混子、海鲩等，为鲤形目鲤科草鱼属，与青鱼、鲢鱼、鳙鱼一起被称为"四大家鱼"。

图1-2 草鱼

1）草鱼的形态与分布。草鱼体长，略呈圆筒形，尾部侧扁，眼小，背鳍与腹鳍相对，各鳍均无硬刺，背部鱼身带草绿色，鱼腹处为灰白色，一般重1~2 kg，大者可达40 kg，栖息在江、河、湖、塘的中下层，我国各流域都有分布，长江流域产量较多。草鱼习性活泼，行动迅速，以水草为主要食物，繁育快，易成活，是中国主要的淡水养殖鱼之一。

2）草鱼的食用。草鱼肉质细嫩洁白，可采用烧、焖、熘、熏、炒等多种烹调方法，一般整鱼出骨后加工成块、片、丝、丁、茸等使用。

3）草鱼的营养与功效。每100 g草鱼肉含蛋白质18 g左右，脂肪4.3 g左右，并含有少量的钙、磷、铁等。中医认为，草鱼肉性温味甘，有暖胃和中、平肝祛风之功效，可治气弱、食少、头痛等。

（3）黑鱼。黑鱼（见图1-3）又称乌鱼、生鱼、乌鳢、财鱼、乌棒、蛇皮鱼等，为鲈形目鳢科鳢属。

图1-3　黑鱼

1）黑鱼的形态与分布。黑鱼栖息于水草茂密或易混浊的淤泥底质水域中，性凶猛，皮厚力大，生命力顽强，前部呈圆筒状，后部侧扁，体长约30 cm，全身呈灰黑色，背部颜色较暗，腹部颜色较淡。在我国，除西北地区以外，黑鱼在各地均有分布。

2）黑鱼的食用。黑鱼在我国自古就被捕食，其肉白嫩，质地厚实、紧密、细腻，少刺，富有营养，宜加工成片、丝和茸，制汤后色白如奶，味道鲜美。

3）黑鱼的营养与功效。每100 g黑鱼肉含蛋白质18.8 g左右，脂肪0.8 g左右，还含有多种氨基酸和人体不可缺少的钙、磷、铁及多种维生素。中医认为，黑鱼肉性寒味甘，具有健脾利水、益气补血、通乳等功效，可治浮肿、脚气、湿痹、小便不利、产妇乳汁不下等。我国南方人民视黑鱼为滋补鱼类。

2. 虾

（1）虾的分类。虾分河虾和海虾两大类，属甲壳纲。河虾主要包括米虾、白虾、青虾、沼虾、小龙虾等，在江河湖海中都有生长，在我国南北各地均有分布。海虾主要包括对虾、龙虾、基围虾等。

1）对虾。对虾（见图1-4）又称大虾、明虾，因在北方市场常成对出售而得名，主要分布于热带和亚热带的浅海区域。世界上有重要经济价值的对虾品种包括褐对虾、白对虾、桃红对虾、长毛对虾、印度对虾、斑节对虾、澳洲对虾、日本对虾等。我国对虾主要分布于黄海、渤海、南海北部及广东中西部近岸水域，是重要的水

图1-4　对虾

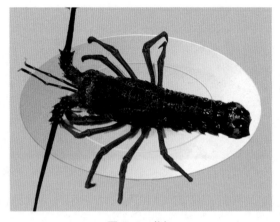

图 1-5　龙虾

产资源之一。

2）龙虾。龙虾（见图 1-5）因体形及头部似传说中的龙而得名，头胸部粗大，略呈圆筒状，壳坚硬，色彩斑斓，腹部较短小，背部稍扁，尾部常曲折于腹下，头部有两对触角，触角板宽且有刺，体重可达 5 kg 以上。有重要经济价值的龙虾品种包括美洲龙虾、澳洲龙虾、欧洲龙虾等，主要分布在印度洋及西太平洋地区。我国主要龙虾品种有锦绣龙虾、波纹龙虾、密毛龙虾等，主要分布于浙江、福建、台湾、广东及广西沿海。

3）基围虾。基围虾是一种小型海虾，主要在我国广东、福建沿海进行围海养殖。

（2）虾的组织结构。虾以坚硬如甲的石灰质外壳来保护身体内部的柔软组织，这外壳就是虾的外骨骼。外骨骼以内是柔软纤细的肌肉和内脏。虾的肌肉多而内脏少，肌肉为横纹肌，呈线状分布在虾背上的内脏俗称虾线。

（3）虾的营养与功效。虾肉细嫩洁白，吸水能力强，味道鲜美，营养丰富，具有高蛋白、低脂肪的特点。虾体内很重要的一种物质是虾青素，烹熟后，红色越深，说明虾青素含量越高。虾青素是一种天然抗氧化剂。

河虾约含 17% 的蛋白质和 2% 的脂肪，并且含有丰富的钙、磷、铁等。烹调时，选用鲜活的河虾为佳。

海虾的营养价值较高，蛋白质含量比河虾高 20%，脂肪含量比河虾低，维生素 A 含量比河虾高 40%，还含有具有抗衰老功效的维生素 E、碘等。

虾有一定的药用价值，性温味甘，能补肾壮阳，但容易致敏。

3. 软体动物

常用的软体动物类制茸原料为墨鱼。墨鱼（见图 1-6）又称乌贼、乌鱼、目鱼等，属软体动物门头足纲乌贼目乌贼科。

（1）墨鱼的形态与分布。墨鱼躯干部呈卵圆形，稍扁，体内有硬骨，肉鳍窄且占胴体两侧全缘。墨鱼体内有一含墨汁的墨囊，遇危机时即喷出墨汁，扰乱敌方视线逃生。墨鱼又因头足部有腕10只（8只普通腕，2只长触腕），遇风浪时腕上的吸盘可吸附在岩石上，如锚缆，故又称缆鱼。

图 1-6　墨鱼

在我国，墨鱼主要产于南海、东海、黄海等海域，因其产量较大，与小黄鱼、大黄鱼、带鱼并列为我国四大海产。

（2）墨鱼的食用。雌性墨鱼体内卵腺的干制品称为乌鱼蛋，是名贵的海味佳品。墨鱼鲜品肉质洁白，脯肉柔韧，最宜爆炒、焖烧，制茸后，肉质鲜嫩，富有弹性，可塑性强。

（3）墨鱼的营养与功效。墨鱼含较多蛋白质和多肽类物质，脂肪含量甚少，还含有一定量的糖类、维生素、钙、磷、铁等，所含多肽类物质有抗病毒、抗辐射的作用。墨鱼性平味咸，有健脾、利水、止血等功效。多食墨鱼对提高免疫力、防止骨质疏松，以及治疗倦怠乏力、食欲不振有一定的辅助作用。同时，由于墨鱼肉中含有可降低胆固醇的氨基酸，因此常食墨鱼还可防治动脉硬化。墨鱼外套膜内埋有内壳，能制成中药"海螵蛸"。

二、水产类制茸原料的鉴别

1. 鱼的鉴别

（1）鳜鱼的鉴别

1）鳜鱼外观的鉴别

①鱼鳃状态。新鲜鳜鱼的鱼鳃颜色呈粉红色或红色，鳃盖紧闭，黏液较少，呈透明状，没有臭味。鱼鳃呈灰色的鳜鱼不新鲜。

②鱼眼状态。新鲜鳜鱼的眼睛澄清而透明，向外稍凸，周围没有充血而发红的

现象。不新鲜鳜鱼的眼睛有些塌陷，色泽灰暗，眼球可能破裂。

③鱼体状态。新鲜鳜鱼表皮黏液较少，体表清洁，鱼鳞紧密、完整且有光泽，鱼肉有弹性，用手压入的凹陷处抬手后随之平复。不新鲜鳜鱼表皮黏液多且透明度下降，鱼肉失去弹性，鱼鳞松弛且无光泽，肛门较突出，腹部膨胀，且有腐败味。

2）活鱼的鉴别。鲜活鳜鱼以在水中游动活跃，应激反应敏锐，身体完整而无残缺，无病害为好。

（2）草鱼的鉴别

1）草鱼外观的鉴别

①鱼鳃状态。草鱼鱼鳃鲜红，鳃盖紧闭，无黏液，则为新鲜。

②鱼眼状态。草鱼鱼眼乌黑、发亮、透明，则为新鲜。

③鱼体状态。草鱼鳞片清楚完整，体色呈草黄色，嘴巴呈圆弧状，肉质坚实，则为新鲜。

2）活鱼的鉴别。鲜活草鱼的鉴别同鲜活鳜鱼的鉴别。

（3）黑鱼的鉴别

1）黑鱼外观的鉴别

①鱼鳃状态。黑鱼鱼鳃鲜红，鳃盖紧闭，无黏液，则为新鲜。

②鱼眼状态。黑鱼眼睛突出、发亮，则为新鲜。

③鱼体状态。黑鱼表皮黏液较少，鱼鳞紧密、完整且有光泽，鱼肉有弹性则为新鲜。

2）活鱼的鉴别。鳞片完整，游于水的下层，呼吸时鳃盖起伏均匀，眼睛突出、发亮的为优质黑鱼。常常游于水的上层，鱼嘴紧贴水面，尾部下垂的为次质黑鱼，不用于制茸。

2. 虾的鉴别

虾的品质根据其外形、色泽、肉质等方面来鉴别。

（1）外形。新鲜虾头、尾完整，有一定的弯曲度。不新鲜虾头、尾容易脱落，不能保持其原有的弯曲度。

（2）色泽。新鲜虾的壳发亮，呈青绿色或青白色。不新鲜虾的壳变暗，呈红色或灰紫色。

（3）肉质。新鲜虾的肉质坚实、细嫩，不新鲜虾的肉质松软。

3.软体动物的鉴别

墨鱼的鉴别如下。

（1）头足部。墨鱼眼睛黑亮分明，头足部吸盘完整，腕弹性足，则为新鲜。墨鱼眼睛灰暗模糊，头足部吸盘脱落，腕松软，则为不新鲜。

（2）躯干部。墨鱼躯干部宽大、完整，肉体平展、宽厚且呈白色半透明状，体内硬骨收紧时，整个身体呈椭圆形，尾部有圆润曲线，则为优质。墨鱼形体较小，色泽灰暗，肉体松塌、窄薄，严重脱皮，有浓重腥臭味，则为劣质。

三、水产类制茸原料的初步处理

1.鱼的初步处理

在宰杀鱼时，必须彻底完整地去除鱼胆（如鱼胆破裂，会使鱼肉沾上绿色的胆液，从而使鱼肉的味道变苦），且必须去除内脏、鱼鳃并清洗干净，再将整鱼分档取料。鱼茸原料的要求是去净鱼皮、骨、刺、红肌及皮下带青色的一层肉，漂去血污，肉质厚实细嫩，色泽洁白。

2.虾的初步处理

将虾头部去除，用捏的方法将壳剥去，再用牙签挑去虾线，放入少许精盐，轻揉几下，用清水漂去虾仁上的黏液，虾仁质地应洁白、细腻、鲜嫩。给鲜活或新鲜的虾去壳较困难，可将其放入冰箱冷冻几小时后再行处理，这样就很容易剥壳了。

龙虾体大肉多，生熟皆可食用，滋味鲜美。宰杀活龙虾时，可用竹筷插入虾尾部"排尿"，去除尿腥味，并挑去虾线。

用对虾制茸时，因其形体较大，富含虾青素，去壳清洗后，两边还留有青色的肉，制茸前应用刀批去青色部分，以免影响虾茸的色泽。

3.软体动物的初步处理

以墨鱼的初步处理为例，要去内脏，洗净眼部，取墨鱼身的净肉，剥去淡红色的外皮和筋膜，洗净后应呈白色半透明状，肉质坚实、紧密、细嫩。

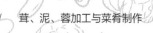
四、水产类茸料加工刀法

将原料制成茸需要刀工处理。制茸中关键的一点就是正确、熟练地运用各种刀法，使茸料达到一定的质量要求。

水产类原料制茸通常使用剁、捶、拍与背刀、剔、刮、切等刀法。其中，剁和捶的刀法交替混合进行，能使茸料达到细腻的要求。

1. 剁

左、右手各持一把刀（其中一把为文武刀，刀背较厚），保持一定的距离，运用腕力，双刀交替垂直向下，连续有节奏、高频率、匀速移动地剁称为排剁。注意提刀不宜过高，以剁断原料为准；匀速运刀，同时左右来回移动，并酌情翻动原料。为防止肉粒粘刀，剁时可随时用清水润刀。

2. 捶

在制茸中，捶是指用刀背将原料砸成茸状的刀法。捶茸的技术要点是刀身与砧板垂直，刀背与砧板贴合，有顺序地左右移动，均匀捶制。

3. 拍与背刀

拍是指用刀身拍破或拍松原料的方法。右手握刀柄，将刀倾斜，刀口向左，用刀的一面压着原料，连拖带按的刀法称为背刀，此法能使茸料变糊。

4. 剔

剔是指剔除带骨原料筋膜、除骨取肉的刀法。对于水产类原料，要剔去鱼刺和鱼皮等。

5. 刮

刮是指用刀贴着原料表面，将原料表皮或污垢去除的刀法。对于鱼肉，可用刮的方法将其横纹肌一层层片状取下，缩短后面排剁的时间。

6. 切

在制茸中，一般运用直刀法中的推切法将用于制茸的大块料先切成小块状，以利于后续刀工处理。

五、水产类茸料的调味与搅拌

茸料调味主要是指在搅拌茸料时加入调料。需要注意的是，在烹调茸类菜肴的过程中一般不加调料，烹调后可进行辅助调味，即淋入流芡、亮油，或用椒盐、茄汁等小碟蘸料进行蘸食。

1. 鱼茸的调味与搅拌

（1）鱼茸与调料的配比。一般鱼茸与调料的配比为：鱼茸 500 g，葱姜汁 30 mL，清水 250~400 mL，精盐 7~11 g，鸡蛋清 50 g，胡椒粉 1.5 g，干淀粉 80 g。

（2）鱼茸的调味与搅拌方法。向鱼茸中加入清水、葱姜汁和精盐，顺一个方向搅拌，动作由慢到快，注意用力均匀；再加入胡椒粉和干淀粉，搅拌至茸料充分吸水；放入鸡蛋清，顺一个方向先轻轻搅动，再用力加速搅至茸料变白、发亮、上劲，产生黏性。

因为新鲜鱼茸所含肌球蛋白量较高，所以鱼茸的吃水量较大。

■ 向茸料中加水或汤时应分次加入，以避免一次性加入过多，导致不易融合为一体。

2. 虾茸的调味与搅拌

（1）虾茸与调料的配比。一般虾茸与调料的配比为：虾茸 500 g，葱姜汁 15 mL，清水 50 mL，猪肥膘茸 100 g，鸡蛋清 100 g，精盐 7 g，味精 1 g，胡椒粉 1 g，干淀粉 50 g。

（2）虾茸的调味与搅拌方法。向虾茸中加入清水、葱姜汁、精盐，顺一个方向搅拌，力度由轻到重，搅匀后，下入猪肥膘茸、鸡蛋清、胡椒粉、味精用力搅动，再下入干淀粉搅至上劲、有黏性。

虾仁由于其本体死亡时间较长，肌球蛋白含量较少，因此用其制成的虾茸吸水性较差，加入猪肥膘茸和鸡蛋清搅拌上劲后，就增加了黏性，使原料成熟后松软而有弹性，具有良好的口感。

■ 墨鱼茸的调味与搅拌同虾茸类似。

六、水产类茸料的塑形

塑形就是用各种方法使经过调味、搅拌上劲的茸料形成各种形状。塑形的前提是茸料调味搅拌后咸鲜适中，无杂味，富有黏性和弹性。

鱼茸、虾茸等的塑形方法通常有挤捏法、粘贴法、裱塑法、模具法、雕切法等。

1. 挤捏法

挤捏法是指用手挤捏的方法，将鱼茸、虾茸等制成鱼丸、虾球等。

2. 粘贴法

粘贴法是指用熟肥膘或面包及其他原料作底板，将鱼茸、虾茸等粘贴在上面，使两者合体，再粘上用辅料等做成的"花纹图案"，使之呈现美丽造型的方法。制作锅贴鱼、吐司琵琶大虾、象眼鸽蛋、罗汉虾、百花鱼肚等菜肴就用了这种塑形方法。

3. 裱塑法

裱塑法是指将茸料装入裱花袋，挤压出鱼丝条、虾丝条入清水中成形的方法。用裱塑法除了可让茸料成形为丝条状外，还可将其成形为螺旋形、花瓣形等。制作五柳鱼糁、滑炒虾丝、滑炒墨鱼结等菜肴就用了这种塑形方法。

4. 模具法

模具法是指将茸料装入特定的模具或小碟、小盅、汤匙中加热定型的方法。通常模具是不锈钢或瓷质的，能使茸料受热后凝固成各种形状。制作水晶虾饼、瓢儿鸽蛋、金钱虾菇等菜肴就用了这种塑形方法。

5. 雕切法

雕切法是指将鱼茸、虾茸等先用蒸的方法制成圆形或长方形的大块状，待冷却后用雕切工具等制成各种形状的方法。雕切法一般适用于制作菜肴中起点缀和衬托作用的部分，如花色冷盘中的"宝塔""小桥""山石"等；也用于制作热菜的围边，如鱼茸锅炸等。

七、水产类茸菜制作的关键

1. 选料严谨

要选择新鲜的水产类原料制茸，肉色要洁白，质感要鲜嫩。

2. 初步处理干净

制茸前，将鱼类原料去净鱼皮、鱼刺和红肌等，将虾类原料去除虾壳、虾线和青色肉部分等，两者都要漂净。

3. 剁茸精细

剁茸要精细，不能混入砧板屑等杂质。

4. 调味、搅拌准确

调味要咸鲜适宜，搅拌要至茸料上劲起黏。

5. 塑形美观

茸料塑形要大小一致，形态饱满美观。

6. 烹制得当

烹制时要准确控制火候，不能出现焦烂或夹生的情况。

 操作技能

百粒虾球

操作准备

工具准备

（1）塑料砧板1块（长40 cm，宽30 cm，厚3 cm）。

（2）刀具2把（1把批刀，1把文武刀）或粉碎机1台。

（3）手勺1把（3两勺头）。

（4）漏勺1把（直径24 cm）。

（5）小蛋糕纸托若干只。

原料准备

主料

新鲜虾仁500 g。

辅料

淡方面包1只，猪肥膘100 g，鸡蛋清50 g，浓汤冻100 g。

调料

葱姜汁15 mL，精盐4 g，味精1 g，胡椒粉1 g，干淀粉5 g，精制油，茄汁蘸料一小碟。

操作步骤

步骤1 主料、辅料刀工处理

（1）将洗净沥干的虾仁放在砧板上，先剁后捶成虾茸，如图1-7所示。

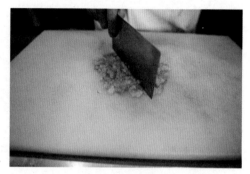

图1-7 虾茸加工

（2）将猪肥膘剁、捶成茸。

（3）将淡方面包（经冷冻）切去外皮后改条，如图1-8所示，再将其切成6 mm见方的小粒200 g，如图1-9所示。

（4）将100 g浓汤冻改刀成丁。

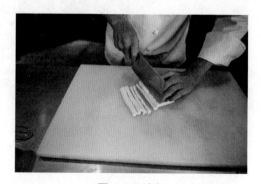

图1-8 改条

图 1-9　切粒

步骤 2　烹制准备

（1）将虾茸与猪肥膘茸盛入大碗内，加入葱姜汁、精盐、味精、胡椒粉、鸡蛋清、干淀粉搅拌上劲。

（2）左手取 25 g 左右的虾茸做成虾球，右手拿一粒浓汤冻丁塞入虾球内并包裹好，滚上面包粒，如图 1-10 所示，放入平盘内。用此法制成若干只百粒虾球生坯。

图 1-10　制成生坯

步骤 3　烹制

（1）烧热锅，放入精制油，待油温达三四成热时，下入百粒虾球，用中小火焐热，手勺轻推，以免面包粒滚落下来，然后开大火炸一下，如图 1-11 所示，炸至上色后，迅速捞起装盘。

图 1-11　油炸

（2）每只虾球装一只小蛋糕纸托，与茄汁蘸料小碟一起上席。

操作关键

1. 虾仁与猪肥膘要剁得细腻，搅拌要上劲。

2. 面包粒要均匀一致，且要均匀粘在虾球上。

3. 控制火候，虾球下锅时油温勿太高，炸制时动作要轻，防止面包粒脱落。

质量
指标

1 色泽: 金黄。

2 质感: 外层香脆, 肉质鲜嫩而有弹性。

3 口味: 咸鲜适中, 无腥味。

4 形态: 大小均匀, 形态饱满, 装盘美观。

吐司琵琶大虾

操作准备

工具准备

（1）塑料砧板1块（长40 cm, 宽30 cm, 厚3 cm）。

（2）刀具2把（1把批刀, 1把文武刀）或粉碎机1台。

（3）镊子1把。

（4）手勺1把（3两勺头）。

（5）漏勺1把（直径24 cm）。

（6）竹馅挑 1 根。

（7）小尖刀 1 把。

原料准备

主料

新鲜虾仁（以河虾仁为最优选择）800 g。

辅料

淡方面包 1 只，猪肥膘 120 g，熟火腿丝 50 g，鸡蛋清 50 g，青椒 1 只，草虾尾壳 10 只。

调料

葱姜汁 15 mL，精盐 5 g，味精 1 g，胡椒粉 1 g，干淀粉 25 g，精制油，椒盐、番茄沙司各一小碟。

图 1-12　将面包改刀成形

（4）将青椒切出 10 个小片，以及 30 根 1.5 cm 长、1 mm 粗的细丝。

步骤 2　烹制准备

（1）将虾茸与猪肥膘茸放入大碗内，加入葱姜汁、精盐、味精、胡椒粉、鸡蛋清、干淀粉（20 g）搅拌上劲。

（2）在琵琶状面包坯上撒拍上干淀粉，再用竹馅挑将搅拌好的虾茸胶均匀涂抹在上面，使虾胶厚度达 5 mm，用手抚平，如图 1-13 所示。

操作步骤

步骤 1　主料、辅料刀工处理

（1）将洗净沥干的虾仁剁、捶成茸。

（2）将猪肥膘剁、捶成茸。

（3）将淡方面包切去外皮，批成 6 mm 厚的大片 10 片，再用小尖刀将其处理成琵琶状的面包坯，如图 1-12 所示。

图 1-13　涂上虾胶

（3）用镊子将熟火腿丝粘贴在虾胶上，作"琵琶弦"。用同样的方法将青椒小片作"琵琶弦夹"，将青椒丝作"琵琶弦撑"，将草虾尾壳作"琵琶调弦把"。

（4）将塑形后的生坯放在平盘内，如图 1-14 所示。

图 1-14　制成生坯

步骤 3　烹制

（1）烧热锅，放入精制油，待油温达四成热时，将生坯面包面朝上入锅氽，待虾茸成熟时，用手勺轻拨翻身再炸，待面包炸至金黄色时捞出。

（2）将吐司琵琶大虾整齐装盘，与椒盐、番茄沙司小碟一起上席。

操作关键

1. 虾仁与猪肥膘要剁得细腻，搅拌要上劲。

2. 面包坯要修成琵琶状，且大小一致。

3. 涂抹虾胶前要在面包坯上撒拍上一些干淀粉，以防虾茸脱落；粘贴火腿丝要精细。

4. 火候控制要得当，入锅时油温要低些，再逐步升高油温炸制。

质量指标

1　色泽：金黄。

2　质感：虾茸鲜嫩而有弹性，面包脆香。

3　口味：咸鲜适中，无腥味。

4　形态：形似琵琶，大小均匀一致，装盘美观。

锅贴鱼

操作准备

工具准备

（1）塑料砧板 2 块（长 40 cm，宽 30 cm，厚 3 cm，其中 1 块用作熟砧板）。

（2）刀具 2 把（1 把批刀，1 把文武刀）或粉碎机 1 台。

（3）手勺 1 把（3 两勺头）。

（4）漏勺 1 把（直径 24 cm）。

（5）竹馅挑 1 根。

原料准备

主料

青鱼净肉 200 g。

辅料

淡方面包 1 只，熟火腿 25 g，芝麻 25 g，绿叶蔬菜少许，鸡蛋清 30 g。

调料

黄酒 10 mL，葱姜汁 10 mL，精盐 2 g，味精 1 g，胡椒粉 0.5 g，干淀粉 7 g，精制油，椒盐、番茄沙司各一小碟。

═══ 操作步骤 ═══

步骤1　主料、辅料刀工处理

（1）将100 g青鱼净肉先批后切成3寸（1寸约为3.33 cm，3寸约为10 cm）长、3 mm粗的粗丝，如图1-15所示；将另100 g青鱼净肉剁、捶成茸。

a）

b）

图1-15　主料刀工处理

a）批鱼片　b）切鱼丝

（2）将淡方面包切去外皮，批成10 cm长、6 cm宽、0.6 cm厚的大片面包坯。

（3）将熟火腿、绿叶蔬菜分别切末。

步骤2　烹制准备

（1）将青鱼丝用黄酒10 mL、精盐1 g、味精0.5 g、鸡蛋清15 g、干淀粉2 g上浆，将青鱼茸用葱姜汁10 mL、精盐1 g、味精0.5 g、胡椒粉0.5 g、鸡蛋清15 g、干淀粉2 g搅拌上劲成鱼茸胶。

（2）在面包坯上撒拍上干淀粉（3 g），用竹馅挑涂抹上鱼茸胶，如图1-16所示，再粘贴上青鱼丝，用手按平整，然后将芝麻、熟火腿末、绿叶蔬菜末分别嵌在鱼丝上面作为装饰，如图1-17所示。

图1-16　涂鱼茸胶

图1-17　装饰

步骤 3　烹制

（1）烧热锅，放入精制油，待油温达四成热时，将锅贴鱼生坯面包面朝下入锅，逐渐炸熟，逐　翻身，用六成热油温将面包炸成金黄色。

（2）将锅贴鱼捞出，沥去油，在熟砧板上将每一大块改刀成三小块，整齐装盘，与椒盐、番茄沙司小碟一起上席。

操作关键

1. 鱼茸要搅拌上劲。

2. 涂抹鱼茸胶前，要先在面包坯上撒拍上干淀粉，以防鱼茸胶脱落。

3. 控制火候，入锅时油温要低些，再逐步升高油温炸制。

质量指标

1　色泽：金黄。

2　质感：脆、酥、嫩。

3　口味：咸鲜适中。

4　气味：香气浓郁。

5　形态：块形对称，装盘美观。

罗汉虾

操作准备

工具准备

（1）塑料砧板1块（长40 cm，宽30 cm，厚3 cm）。

（2）刀具2把（1把批刀，1把文武刀）或粉碎机1台。

（3）镊子1把。

（4）手勺1把（3两勺头）。

（5）漏勺1把（直径24 cm）。

原料准备

主料

青虾12只（约200 g），河虾仁 200 g。

辅料

猪肥膘25 g，鸡蛋清20 g，熟火腿、黑芝麻、绿叶蔬菜少许。

调料

葱姜汁15 mL，精盐4 g，味精1 g，胡椒粉0.5 g，干淀粉25 g，精制油，番茄沙司一小碟。

操作步骤

步骤 1　主料、辅料刀工处理

（1）将青虾去头、去壳、去肠，留尾部，加少量精盐轻捏一下，用清水漂净；将河虾仁剁、捶成茸，将猪肥膘剁、捶成茸。

（2）将熟火腿切成 3 mm 粗的丝，绿叶蔬菜切成末。

步骤 2　烹制准备

（1）将青虾置于砧板上，左手执虾尾端，虾背朝下，右手执刀，用刀柄轻敲虾身，使其成长 4 cm、宽 3 cm 的椭圆形虾托。

（2）将虾茸、猪肥膘茸放在大碗中，加入葱姜汁、精盐（2 g）、胡椒粉、味精、鸡蛋清、干淀粉（20 g）一起搅拌上劲。

（3）将虾托蘸上少许干淀粉，如图 1-18 所示；用虾茸胶挤捏出 12 只虾丸，将其置于虾托上，如图 1-19 所示；用镊子将熟火腿丝作"眉"，将黑芝麻作"眼"，将绿叶蔬菜末作"嘴"，做出人脸图案。

图 1-18　蘸干淀粉

图 1-19　将虾丸置于虾托上

步骤 3　烹制

（1）烧热锅，放入精制油，待油温达四成热时，将罗汉虾"脸部"朝下入锅逐渐炸熟，用勺轻拨，使虾翻身，用五成热油温将其炸至浮起。

（2）将罗汉虾捞出，沥油，将其尾部朝外，围圆盘装盘，与番茄沙司小碟一起上席。

操作关键

1.要选大只的青虾，加工时要去净虾线。

2.虾茸要搅拌上劲，置虾丸前要将虾托蘸上干淀粉，以防炸时脱落。

3.控制火候，入锅时油温要低些，再逐步升高油温炸制。

质量指标

1 色彩：鲜艳，虾尾大红，虾丸淡黄。

2 质感：松嫩，有弹性。

3 口味：咸鲜适中。

4 气味：香气浓郁。

5 形态：呈人脸图案，排列有序。

任务 3

禽类茸菜制作

任务目标

1. 了解禽类制茸原料
2. 能对禽类制茸原料进行鉴别
3. 能对禽类制茸原料进行初步处理
4. 能正确运用刀法进行禽类茸料加工
5. 能对禽类茸料进行正确调味与搅拌
6. 能对禽类茸料进行塑形
7. 能掌握禽类茸菜制作关键

知识准备

一、禽类制茸原料简介

1. 禽类的分类

禽类可分为家禽和野禽两大类。在烹饪中主要使用的是家禽。

家禽是由人类饲养的、可供人类食用的鸟类。家禽主要有鸡、鸭、鹅、肉鸽、鹌鹑等。其中，鸡、鸭的驯化史在我国可追溯到 3000 多年前，目前全国各地均有养殖。禽肉、禽蛋的营养价值很高。近 30 年来，随着机械化饲养技术的发展，家禽产量有了很大的提高，成为烹饪的主要原料。

野禽主要有野鸡、野鸭、斑鸠、鹧鸪、原鸡、榛鸡（又称飞龙鸟）、沙鸡、禾花雀等，多生在林区。野禽数量稀少，不作为主要的烹饪原料，有些是国家一、二级保护动物，更不能用于烹饪。

2. 禽类制茸原料的选用

选择禽类制茸原料时，首先要选择禽类品种。鸡要用肉用鸡，鸽要用肉鸽等，以保证肉质细嫩。

选定禽类品种后，要确定选用的组织原料。禽类胸脯肉的多少反映肉的质量优劣。从全身肌肉来看，胸肌占禽体肌肉的 40%；由胸肌是否丰满可以知道其他部位的肌肉发育是否良好。禽类胸脯肉纤维较长，斜向排列，质地细嫩；里脊肉质地更为细嫩，是禽类制茸原料的首选。家禽的腿肉中软骨、筋膜分布较多，且肌纤维分布较乱，肉质比胸脯肉、里脊肉要老，一般不作为制茸原料。

禽类脂肪熔点低，易消化，较均匀地分布在全身组织中。家禽肉含水量较高，因此较家畜肉更细嫩，滋味更鲜美。

3. 禽类制茸原料的营养与功效

在禽肉中，鸡肉的蛋白质含量几乎为猪肉的 3 倍，而脂肪含量仅为猪肉的 1/20，且鸡肉含有钙、磷、铁、镁、钾、钠、氯、硫、B 族维生素、维生素 A、维生素 D、维生素 E 等。

鸡肉性温味甘，有温中、益气、补精、填髓、补肾等功效，可治脾胃虚弱、虚劳赢瘦、消渴、小便频数等，有利于病后恢复。

二、禽类制茸原料的鉴别

1. 活禽的鉴别

左手提抓活禽的两翅，检查鼻孔、口腔、冠等部位是否有异物或变色，眼睛是否明亮有神，鼻孔、口腔有无分泌物流出；右手触摸嗉囊，判断有无积食、气体或积水；倒提时，检查口腔有无液体流出；检查腹部皮肤有无伤痕，是否发红、僵硬，同时触摸胸骨两边，鉴别其肥瘦程度；检查肛门，看有无绿白色、稀薄的粪便物。若有以上症状，则为病鸡。

2. 禽肉的鉴别

禽肉的品质主要以其新鲜度来衡量，可采用感官评定的方法，从禽的嘴部、眼部、皮肤、脂肪、肌肉以及肉汤等方面检验其是否新鲜。

（1）新鲜禽肉。嘴部有光泽；眼球充满眼窝，角膜有光泽；皮肤呈白色，表面干燥，有家禽特有的新鲜气味；脂肪呈白色，略带淡黄色，有光泽，无异味；肌肉结实而有弹性，有光泽，胸肌为白色或红色（鸭、鹅、鸽的肌肉为红色，其幼时的肌肉为有光泽的玫瑰色），稍湿不黏，有特殊的香味；肉汤透明、芳香，表面有大的油滴。

（2）不新鲜禽肉。嘴部无光泽；眼球下陷，角膜无光泽；皮肤呈淡灰色或淡黄色，表面潮湿，有腐败气味；肉汤混浊，有特殊气味。

三、禽类制茸原料的初步处理

1. 禽类宰杀处理

（1）鸡宰杀处理

1）放血。左手握住鸡双翅的基部，将鸡的右脚弯曲，用左手的小指勾住，用右手将鸡脖弯转，用左手大拇指和食指紧紧掐住，用右手拔去颈部靠近头部的羽绒；右手持刀，干净利落地把鸡的气管、食管及颈部的大血管割断（一刀断三管），松开左手小指勾住的鸡右脚，将鸡身向下倾斜，使鸡血流入放有盐水的碗中，充分控尽血液。

2）去毛。将宰杀后的鸡放入 80℃ 的热水中浸烫。在实际操作中，一般先将鸡脚爪放入热水中烫一下，试一下温度，若能撸下鸡脚皮，则说明水温已符合要求，此时再将整只鸡浸烫约 2 分钟后捞出，将鸡毛去尽，保持鸡皮完好无损。整个去毛过程中，动作应灵活，操作应迅速。

3）清除内脏。采用腹开去脏法清除内脏。腹开去脏法的具体步骤是：先将鸡颈部右后侧与锁骨之间的结缔组织划开，从剖口处将鸡的食管、气管拉出体外，连同鸡嗉囊一起取出；然后在鸡的肛门与腹部连接处横剪一刀，从切口处用手摘除内脏，清理干净；用清水冲净鸡身血水。在去内脏时，要注意不能弄破鸡胆，否则苦的胆汁会黏附在鸡肉上，最终产生苦味。

（2）鸭宰杀处理。鸭宰杀处理在放血、去毛、清除内脏方面的操作与鸡宰杀处理基本相同，只是清除内脏时，除采用腹开去脏法外，还能采用肋开去脏法。肋开去脏法能使整鸭形态完整。肋开又称小开、腋开，肋开去脏法的具体步骤如下：

1）将毛已去净的鸭子的脚爪从脚关节下侧割去，从颈部的割口处拉出食管、气管，使其与颈部组织分离，从鸭嘴中取出鸭舌；

2）右手食指插进鸭的肛门内，将鸭的直肠与肛门的连接处勾断，将直肠段拉出体外割去；

3）向鸭体内充气，然后将鸭背朝下、鸭脯朝上，在鸭右肋部用尖刀开一道弧形剖口，长度约 5 cm，将右手的食指和中指伸入鸭膛内，将内脏摘出，注意不能抓破胆囊，然后用水冲洗鸭膛，洗净血污。

（3）肉鸽宰杀处理。肉鸽宰杀处理方法同样适用于鹌鹑、鹧鸪，步骤如下：

1）用刀割气管、血管、食管的方法或用气闷致死的方法进行宰杀；

2）将肉鸽放入温度适度（一般为70℃）的热水中浸烫，迅速去净绒毛，保持鸽身完整且不破皮；

3）用腹开去脏法摘去内脏；

4）用清水将膛内及外表的污物清洗干净。

2. 禽类分档取料

将宰杀洗净的整只禽类原料用刀工拆卸方法分解整理成里脊肉、胸脯肉、大腿肉等，不同部位肉的名称、特点和用途见表1-1。其中，里脊肉和胸脯肉是禽类制茸原料。

表1-1　不同部位肉的名称、特点和用途

名称	特点	用途
里脊肉	肉质最嫩	制茸、切片等
胸脯肉	肉质嫩，纤维排列整齐	制茸，切丝、条、片等
大腿肉	肉质嫩，纤维短、乱	切丁或整腿肉使用

四、禽类茸料加工刀法

禽类原料制茸通常使用剔、拍、切、剁等刀法。

1. 剔

左手执住夹在里脊肉中的直条长筋的头，右手从筋头处用刀顺势将其贴在砧板上轻轻剔去；将残留在胸脯肉中的细长软骨剔去。

2. 拍、切

用刀身将禽类原料拍破、拍松，再用直刀法中的推切法将大块料切成小块状。

3. 剁

将大块料切成小块状后，左、右手各执一刀（其中一把为文武刀，刀背较厚），运用腕力，双刀交替垂直向下。排剁时，双刀要保持一定的距离，匀速运刀，在原料上来回移动。为防止肉粒粘刀，剁时可随时用清水润刀。

加工后的禽类茸料应洁白、细腻，无杂质。

五、禽类茸料的调味与搅拌

1. 鸡茸的调味与搅拌

（1）鸡茸与调料的配比。一般鸡茸与调料的配比为：鸡茸 500 g，葱姜汁 25 mL，清水 50 mL，鸡蛋清 100 g，精盐 8 g，味精 1 g，胡椒粉 1 g，干淀粉 50 g。

（2）鸡茸的调味与搅拌方法。向鸡茸中加入清水、葱姜汁、精盐，顺一个方向由轻到重地搅匀，再放入胡椒粉、味精和鸡蛋清用力搅匀，最后放入干淀粉搅至上劲、有黏性。

2. 鸽茸的调味与搅拌

（1）鸽茸与调料的配比。一般鸽茸与调料的配比为：鸽茸 200 g，葱姜汁 10 mL，清水 30 mL，鸡蛋清 40 g，精盐 4 g，味精 0.5 g，胡椒粉 0.4 g，干淀粉 20 g。

（2）鸽茸的调味与搅拌方法。向鸽茸中加入清水、葱姜汁、精盐，顺一个方向由轻到重地搅匀，再放入胡椒粉、味精和鸡蛋清用力搅匀，最后放入干淀粉搅至上劲、有黏性。

新鲜的鸡茸和鸽茸所含肌球蛋白量较高，具有较强的吸水性，加入鸡蛋清和干淀粉搅拌后，增加了黏性，使茸料松软、有弹性，具有良好的口感。

六、禽类茸料的塑形

禽类茸料的塑形方法通常有挤捏法、模具法、镶嵌法、热塑法等。

1. 挤捏法

用手挤捏禽类茸料制成球状，滚上鱼翅就能做成绣球鱼翅。用手挤捏鸽茸，裹上口蘑就能制成鸽蒙口蘑汤。

2. 模具法

用小碟作模具，先在小碟上抹一薄层猪油，再将鸡茸放入，按平，将百合瓣插入，呈荷花状，上笼蒸熟后就成鸡茸荷花。

3. 镶嵌法

镶嵌法是指将茸胶嵌入另一加工后的原料中的塑形方法。用鸡茸、鸽茸制作鸡茸鸽蛋吐司、鸽茸镜箱豆腐等菜肴就用了这种塑形方法。

4. 热塑法

利用蛋白质受热凝固和淀粉受热糊化膨胀的原理，在烹调加热中使茸料塑形的方法称为热塑法。制作珍珠鸡脯、鸡茸鱼肚等菜肴就用了这种塑形方法。

七、禽类茸菜制作的关键

1. 选料严谨

要选择新鲜的禽类原料进行分档取料，以胸脯肉和里脊肉为主要制茸原料，要去皮、去筋、去软骨等。

2. 茸料洁白细腻

在制作禽类茸料前，必须用水漂净原料。加工要精细，茸料中不能混入杂质。如果使用粉碎机进行搅拌，要反复搅拌，使原料成为极细的茸。一般不可放入不易溶于水的颗粒状物质，以免影响成品色泽和质量。不可放入有色调料。

3. 配比准确

根据禽类茸胶的要求，向茸料中加入适量的精盐、淀粉、水、鸡蛋清等搅拌至上劲，味道要咸鲜适宜。

4. 搅拌方法正确

搅拌禽类茸料必须顺着一个方向，搅拌至茸料上劲、有黏性。

5. 塑形美观

茸胶塑形要做到大小一致，形态饱满美观。

6. 烹制得当

烹制时要准确控制火候，使菜肴成熟度恰到好处，达到口感鲜嫩的效果。

■ 禽类茸料可以用来制作芙蓉菜，如芙蓉鸡片、鸡茸豆花汤、鸡蒙口蘑汤等。

操作技能

鸡茸鸽蛋吐司（桃形）

操作准备

工具准备	原料准备

工具准备

（1）塑料砧板 1 块（长 40 cm，宽 30 cm，厚 3 cm）。

（2）刀具 2 把（1 把批刀，1 把文武刀）或粉碎机 1 台。

（3）手勺 1 把（3 两勺头）。

（4）漏勺 1 把（直径 24 cm）。

（5）竹馅挑 1 根。

原料准备

主料

鸡脯肉 100 g，虾仁 75 g。

辅料

鸽蛋 5 个，淡方面包 1 只，猪肥膘 50 g，熟火腿 10 g，鸡蛋清（1 个鸡蛋的量），绿菜叶少许。

调料

葱姜汁 20 mL，精盐 4 g，味精 1 g，胡椒粉 0.5 g，干淀粉 15 g，精制油，番茄沙司一小碟。

操作步骤

步骤1 主料、辅料刀工处理

（1）将鸡脯肉剔去筋膜，与洗净沥干的虾仁、猪肥膘一起剁成鸡虾混合茸料。

（2）将淡方面包切去外皮，再批成 7.5 cm 长、6 cm 宽、0.6 cm 厚的桃形面包片 10 片，如图 1-20 所示。

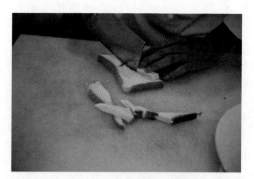

图 1-20　将面包改刀成形

（3）将鸽蛋放入冷水锅中，用小火煮透后剥去外壳，顺长一剖为二，给剖面拍上干淀粉（2 g）待用。

（4）将熟火腿切成细末；将绿菜叶洗净，剪成小片。

步骤2 烹制准备

（1）将鸡虾混合茸料放入大碗内，加精盐、葱姜汁、味精、胡椒粉、鸡蛋清、干淀粉（10 g）搅拌上劲。

（2）给每片桃形面包片分别拍上干淀粉（3 g），用竹馅挑将鸡虾混合茸胶涂抹在面包片上（0.4 cm 厚），再将鸽蛋剖面朝下粘贴在鸡虾混合茸胶上，用鸡虾混合茸胶填补鸽蛋与面包片之间的缝隙，如图 1-21 所示，并将熟火腿末点缀在"桃尖"一端，另一端粘贴两小片绿菜叶作"桃叶"。

图 1-21　粘贴鸽蛋

（3）将 10 个桃形鸡茸鸽蛋吐司生坯放在平盘内。

步骤3 烹制

（1）烧热锅，放入精制油，待油温达四成热时，将桃形鸡茸鸽蛋吐司生坯面包面向下逐只放入油中，待面包颜色

接近金黄色时，用漏勺捞出沥油。

（2）将成熟的桃形鸡茸鸽蛋吐司围圆盘整齐装盘，与番茄沙司小碟一起上席。

操作关键

1.鸡脯肉、虾仁、猪肥膘要剁得细腻，调味要适当，搅拌至上劲、有黏性。

2.面包片要修成桃形，厚度与大小要一致。

3.涂抹鸡虾混合茸胶前，要在面包片上拍一些干淀粉，以防茸胶脱落；鸽蛋剖面也要先拍上一些干淀粉再进行粘贴。

4.控制火候，入油锅炸时，油温不宜过高，之后逐步升高油温炸成。

质量指标

1 色彩：金黄。

2 质感：茸鲜嫩，鸽蛋软香、有弹性，吐司脆香。

3 口味：咸鲜适中，无腥味。

4 形态：呈桃形，大小、形状一致，装盘美观。

鸡茸鱼肚

操作准备

工具准备

（1）塑料砧板1块（长40 cm，宽30 cm，厚3 cm）。

（2）刀具2把（1把批刀，1把文武刀）或粉碎机1台。

（3）手勺1把（3两勺头）。

（4）漏勺1把（直径24 cm）。

（5）打蛋器1个。

（6）筷子1双。

原料准备

主料

鸡脯肉100 g，水发鱼肚300 g。

辅料

熟火腿末20 g，鸡蛋清（6个鸡蛋的量）。

调料

葱姜汁10 mL，黄酒15 mL，葱20 g，姜10 g，精盐5 g，味精1.5 g，白汤50 mL，水淀粉45 mL，精制油。

━━━━━━ 操作步骤 ━━━━━━

步骤 1　主料、辅料刀工处理

（1）将鸡脯肉剔去筋膜，排剁成茸。

（2）将水发鱼肚切成 5 cm 长、3 cm 宽的长方形片。

步骤 2　烹制准备

（1）将鸡茸放在碗内，加葱姜汁 10 mL、精盐 2 g、味精 0.5 g、白汤 20 mL 调匀，再加水淀粉 25 mL 调制成薄浆。

（2）另取一只碗，放入鸡蛋清，用打蛋器将鸡蛋清打发起泡，如图 1-22 所示；倒入鸡茸薄浆，用筷子搅拌均匀，形成鸡茸蛋清浆，如图 1-23 所示。

图 1-23　倒入鸡茸薄浆搅拌

图 1-24　将鱼肚片焯水

图 1-22　打发鸡蛋清

（3）将葱打成结，姜拍松。

（4）将鱼肚片入开水锅中焯水，如图 1-24 所示，再捞出，用清水洗净，挤干。

步骤 3　烹制

（1）将炒锅置火上，放入精制油 50 mL 烧热，先将葱结、姜块炸香，随即加入黄酒 15 mL、白汤 30 mL 烧开，捞去葱结、姜块，将鱼肚片下锅，再加精盐 3 g、味精 1 g 烧至入味，用水淀粉 20 mL 勾芡，淋油，然后将碗内的鸡茸蛋清浆慢慢地倒在鱼肚片上，并用手勺反复推匀，如图 1-25 所示，待鸡茸蛋清浆均匀裹住鱼肚片时，淋油。

图1-25 炒匀

（2）将鸡茸鱼肚堆装上盘，撒上熟火腿末即可。

操作关键

1.鸡茸要刹细，调制鸡茸薄浆要注意掌握鸡茸与白汤、精盐、水淀粉等的配比。

2.鱼肚要焯水并清洗干净，防止有杂味等。

3.鸡蛋清要打发起泡，并现打现用现烧，以防鸡蛋清回缩、化水。

4.鸡茸蛋清浆要慢慢下锅，以防炒煳，要掌握好火力和锅内的油量。

质量指标

1 色彩：色泽洁白，红白相映。

2 质感：滑嫩，肥而不腻。

3 口味：清淡，咸中带鲜。

4 形态：美观，堆装饱满。

5 气味：香气清雅。

珍珠鸡脯

操作准备

工具准备

（1）塑料砧板 1 块（长 40 cm，宽 30 cm，厚 3 cm）。

（2）刀具 2 把（1 把批刀，1 把文武刀）或粉碎机 1 台。

（3）手勺 1 把（3 两勺头）。

（4）漏勺 1 把（直径 24 cm）。

（5）网筛 1 个。

原料准备

主料

鸡里脊肉 100 g。

辅料

鲜豌豆 100 g，熟火腿 15 g，鸡蛋清（2 个鸡蛋的量）。

调料

葱姜汁 2 mL，黄酒 3 mL，精盐 3 g，味精 2 g，葱末 3 g，姜末 3 g，高汤 1 L，鸡油 25 mL，干淀粉 50 g，精制油。

━━━━━━━━━━ 操作步骤 ━━━━━━━━━━

步骤1 主料、辅料刀工处理

（1）将鸡里脊肉除去筋膜，剁成茸。

（2）将熟火腿切成末。

步骤2 烹制准备

（1）将鸡茸放入碗内，用 50 mL 高汤（冷）化开，加入葱姜汁 2 mL、精盐 1.5 g、味精 1 g、鸡蛋清、干淀粉 30 g 调成厚糊，用网筛过滤，如图 1-26 所示。

图 1-26　过滤厚糊

（2）将鲜豌豆用沸水焯熟，剩余的干淀粉加水调成水淀粉 40 mL。

步骤3 烹制

（1）净锅上火，放精制油 50 mL 烧热，投入葱末、姜末炝锅，加入剩下的高汤，再入黄酒 3 mL、精盐 1.5 g、味精 1 g，放入鲜豌豆，用大火烧沸后，淋上水淀粉勾玻璃芡，转用小火，将鸡

茸糊倒入漏勺内，用漏勺将其滤入芡汁内，即成白色如豌豆大的鸡茸圆子，用手勺推匀烧制，如图 1-27 所示。

图 1-27　烧制

（2）淋上鸡油，倒入盛器内，撒上熟火腿末即可。

操作关键

1. 鸡茸要剁细。

2. 调味要咸鲜适度。

3. 糊的厚度要掌握得当。

4. 勾芡后再滤入鸡茸糊，烧至鸡茸圆子成熟浮起。

质量指标

1　色彩: 红、绿、白相映，颜色鲜艳。

2　质感: 滑嫩。

3　口味: 咸中带鲜。

4　形态: 鸡茸圆子形如珍珠，大小一致。

任务4

畜类茸菜制作

任务目标

1. 了解畜类制茸原料
2. 能对畜类制茸原料进行鉴别
3. 了解畜类制茸原料分档取料
4. 能正确运用刀法进行畜类茸料加工
5. 能对畜类茸料进行正确调味与搅拌
6. 能对畜类茸料进行塑形
7. 能掌握畜类茸菜制作关键

知识准备

一、畜类制茸原料简介

畜类原料是指人类饲养的、可供烹饪使用的家畜及其副产品的统称，是人类主要食用的一类动物性原料。畜类原料既提供了美味的荤食，又提供了优质的动物蛋白。在我国大部分地区，畜类养殖种类以猪为主；在北方和西部的畜牧区，则以牛、羊为主。家畜是被人类驯化了的野生动物。在肉用家畜中，猪、牛、羊的占比最大，此外，还有马、驴、骡、骆驼、兔、狗、鹿等。

1. 畜类制茸原料的组织结构

畜类制茸原料一般为特定部位的畜肉。畜肉一般是指畜类去血、毛、皮、内脏、头、尾、蹄后的部分。畜肉由结缔组织、肌肉组织、脂肪组织、骨骼组织构成，其组成比例因动物的品种、年龄、营养及饲养情况不同而不同。

（1）结缔组织。结缔组织主要由无定形的基质与纤维构成，占畜肉的15%~20%。结缔组织具有坚硬、难溶和不易消化的特点，营养价值较低。

结缔组织的纤维包括胶原纤维、弹性纤维和网状纤维，都属于不完全蛋白质。胶原纤维在 70~100℃ 时可以溶解成明胶，冷却后成胶冻，可被人体消化吸收。皮、肌腱等含胶原纤维较多，可制成皮冻，用于制作凉菜或馅心等。弹性纤维和网状纤维富有弹性，在130℃时才能水解，难消化，营养价值极低，主要分布于血管、韧带等组织中。

结缔组织在畜体中分布极广，一般老龄的、役用的、瘦的畜体结缔组织占比大。牛、羊的结缔组织比猪的多。结缔组织含量多的畜体肉质较粗，但若采用适当的烹调方法也能制出很多可口的菜肴，如虾子蹄筋、鸡茸蹄筋等。

（2）肌肉组织。肌肉组织是畜肉的主要组成部分，占50%~60%。肌肉组织是衡量畜肉质量的重要因素，因为优质蛋白质主要存在于肌肉组织中。肌肉组织是最有食用价值的部分，也是烹饪中应用广泛的组织原料之一。肌肉组织由肌纤维构成，可分为横纹肌、平滑肌、心肌。

1）横纹肌。横纹肌分布于皮肤下层和躯干的特定位置上，或附着于骨骼上，受运动神经支配，又称骨骼肌，属于随意肌。动物体的所有瘦肉都是横纹肌。横纹肌的肌纤维外包着一层透明而有弹性的肌膜，其中有细胞原生质，也称肌浆，俗称"肉汁"。"肉汁"呈半流体状，为红色的低黏度溶胶，内含水溶性蛋白质和糖原、脂肪、维生素、无机盐、酶等，营养极为丰富，因此在制作菜肴时应尽量防止"肉汁"流失。

2）平滑肌。平滑肌也称内脏肌，属于不随意肌，主要构成消化道、血管、淋巴管等的管壁，肌纤维间有结缔组织。平滑肌由于有结缔组织伸入而不能形成大块肌肉，但平滑肌有韧性，特别是肠、膀胱等处的平滑肌，其韧性较强，坚实度也较高，这是肠、膀胱常成为烹饪中灌制品的重要原料的原因。

3）心肌。心肌是构成心脏组织的肌肉，属于不随意肌。平滑肌与心肌又合称脏肌。

许多肌纤维集合形成肌纤维束，简称肌束。肌束被结缔组织膜包围，这种膜称为内肌鞘。许多肌束集合起来形成肌肉，肌肉的周围被强韧的结缔组织膜包围起来，这种膜称为外肌鞘。内、外肌鞘集结并与肌腱相连接。在内、外肌鞘中分布着血管、淋巴、神经、脂肪等。在动物营养状况良好时，肌肉组织中有较多的脂肪蓄积。肌肉组织在家畜各部位的分布并不均匀，各部位肌肉组织的品质也不同，一般背部、臀部的肌肉组织较多且品质较好，腹部的肌肉组织较少且品质较差。

（3）脂肪组织。脂肪组织由退化的疏松结缔组织和大量脂肪细胞积聚而成，占畜肉的 20%~40%。脂肪细胞之间由网状的结缔组织相连，提取油脂时，要通过加热等手段破坏结缔组织才能获得产品。

脂肪组织一部分蓄积在皮下、肾脏周围和腹腔内，称为储备脂肪；另一部分蓄积在肌肉的内、外肌鞘中，称为肌间脂肪。如果畜肉的断面呈淡红色并带有白色或黄色的大理石样花纹，说明其肌间脂肪多，肉质柔滑鲜嫩，食用价值高。

猪、羊的脂肪为白色，其他畜类的脂肪带有不同深浅程度的黄色，牛、羊的脂肪有膻味。

（4）骨骼组织。骨骼组织是动物机体的支持组织，包括硬骨和软骨。硬骨又分为管状骨、板状骨，管状骨内有骨髓。骨骼组织在胴体中所占比例越大，肌肉组织的比例就越小。骨骼组织含量多的肉一般质量等级较低。

2. 畜类制茸原料的功效

（1）猪肉：性平，能补肝肾，治眩晕、腰酸等。

（2）牛肉：水牛肉性凉，黄牛肉性温，能补脾胃、益气血、强筋骨，可治脾胃虚弱、神疲乏力、畏寒怕冷、腰膝酸软、创口久不愈合等。

（3）羊肉：性温，有补虚益气、温中暖下等作用，可治胃寒腹痛、纳食不化、肺气虚弱、久咳哮喘等。

（4）兔肉：性凉，有补中益气、凉血解毒的功效，主治脾虚气弱、营养不良、体倦乏力，有助于预防冠心病、动脉粥样硬化、高血压等疾病。

二、畜类制茸原料的鉴别

畜肉的品质主要以其新鲜度来衡量，可采用感官评定的方法，从畜肉的色泽、黏度、弹性、气味、骨骼以及肉汤等方面检验其是否新鲜。

1. 色泽

新鲜畜肉的肌肉有光泽，呈淡红色，且颜色均匀，脂肪洁白（新鲜牛肉的脂肪呈淡黄色或黄色）。不新鲜畜肉的肌肉颜色较暗，脂肪呈灰色。腐败畜肉的肌肉为黑色或淡绿色，脂肪表面有霉菌等。

2. 黏度

新鲜畜肉的表面微干或有风干膜，不黏，肉汁透明。不新鲜畜肉的表面有一层风干的暗灰色物质，或表面潮湿，肉汁混浊，并有黏液。腐败畜肉的表面干燥并呈黑色，或表面很湿、很黏，切面呈暗灰色，新切面很黏。

3. 弹性

新鲜畜肉肉质紧密，富有弹性，指压后，凹陷处能立即恢复。不新鲜畜肉比新鲜畜肉柔软，弹性小，指压后，凹陷处恢复慢，且不能完全恢复。腐败畜肉的肉质松软而无弹性，指压后，凹陷处不能恢复。

4. 气味

新鲜畜肉具有正常的自身特有的气味。不新鲜畜肉有氨气味、霉臭味，有时肉的表面稍有腐败味。

5. 骨骼

新鲜畜肉的骨腔内充满骨髓，骨髓稍有弹性，较硬，色黄，在骨头折断处可见骨髓的光泽。不新鲜畜肉的骨髓与骨腔壁之间有小空隙，骨髓颜色较暗。腐烂畜肉骨腔内的骨髓变形软烂，色暗并有腥臭味。

6. 肉汤

新鲜畜肉的肉汤透明澄清，脂肪团聚于表面，具有香味。不新鲜畜肉的肉汤混浊，脂肪呈小滴状浮于表面，无鲜味，有不正常的气味。变质畜肉的肉汤污秽，带有絮片，有霉变腐臭味，表面几乎不见油滴。

三、畜类制茸原料的分档取料

畜类制茸多选用猪肉，牛肉、羊肉、兔肉使用得少。一般猪肉选用里脊肉、通脊肉或臀尖肉，牛肉选用里脊肉、外脊肉、上脑肉，羊肉选用里脊肉、外脊肉，兔肉选用腰簧肉。这些部位的肉都是畜类经分档后较嫩的肌肉组织部分。

畜类原料以肌肉为分档标准。将不同部位的肌肉组织正确地分为不同的档次，可以保证原料得到充分合理的使用，最大限度地体现畜类原料各部位的使用价值。

1. 猪肌肉组织分档取料

猪肌肉组织分档取料如图 1-28 所示。

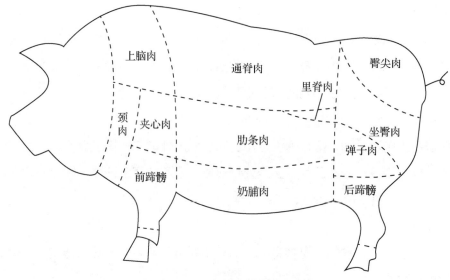

图 1-28 猪肌肉组织分档取料

（1）里脊肉。里脊肉为猪肌肉组织中最细嫩的部分，肌纤维细长且排列整齐，带有少许脂肪，适于制茸。

（2）通脊肉。通脊肉又称外脊肉，嫩度仅次于里脊肉，适于制茸。

（3）臀尖肉。臀尖肉又称宝尖肉，肌纤维粗长，肉质为腿部肌肉中最嫩的，次于通脊肉，也适于制茸。

2. 牛肌肉组织分档取料

（1）里脊肉。牛的里脊肉紧贴于外脊肉处，又称牛菲力、牛柳肉，是牛身上最嫩的肉，肌纤维细长，带有 10% 左右的脂肪，可用于制茸。

（2）外脊肉。外脊肉位于牛的背脊中部，嫩度略次于里脊肉，一般用于制作牛排，可用于制茸。

（3）上脑肉。上脑肉又称肩肉，位于肩颈部靠后、外脊肉的前端，肉质细嫩，可用于制茸。

3. 羊肌肉组织分档取料

（1）里脊肉。羊的里脊肉紧贴于外脊肉下，肌纤维细长，极嫩，可用于制茸。

（2）外脊肉。羊的外脊肉在脊背部位，肌纤维细长，嫩度仅次于里脊肉，可用于制茸。

4. 兔肌肉组织分档取料

兔肉制茸一般使用腰筋肉，其分布在兔子的腰部，比其他部位的肉嫩。

四、畜类茸料加工刀法

畜类原料制茸通常使用剔、拍、切、剁、捶等刀法，使茸料达到细腻的要求。

1. 剔

剔一般用于取用畜类制茸原料。例如，取里脊肉时，需用刀剔除其边上的筋膜，清理干净。

2. 拍、切

用刀身将畜类制茸原料拍破、拍松，再用直刀法中的推切法将大块料切成小块状。

3. 剁

将大块料切成小块状后，左、右手各执一刀（其中一把为文武刀，刀背较厚），运用腕力，双刀交替垂直向下进行排剁。排剁时，双刀要保持一定的距离，匀速运刀，在原料上来回移动。为防止肉粒粘刀，可随时用清水润刀。

4. 捶

捶时，可选用一大块净肉皮铺在砧板上，先将肉放在肉皮上再进行捶击，这样可使加工出来的茸无杂质。

加工后的畜类茸料应呈淡红色，细腻，无杂质。

五、畜类茸料的调味与搅拌

1. 猪肉茸的调味与搅拌

（1）猪肉茸与调料的配比。一般猪肉茸与调料的配比为：猪肉茸 500 g，葱姜汁 30 mL，清水 50 mL，鸡蛋清 80 g，熟猪油 50 g，精盐 8 g，味精 1 g，胡椒粉 1 g，干淀粉 50 g。

（2）猪肉茸的调味与搅拌方法。向猪肉茸中加入清水、葱姜汁、精盐，顺一个方向由轻到重地搅匀，再放入胡椒粉、味精和鸡蛋清用力搅动，再放入熟猪油、干淀粉继续搅拌至上劲、有黏性。

2. 牛肉茸的调味与搅拌

（1）牛肉茸与调料的配比。一般牛肉茸与调料的配比为：牛肉茸 500 g，葱姜汁 50 mL，清水 80 mL，鸡蛋清 100 g，精盐 8 g，味精 1 g，胡椒粉 1 g，干淀粉 50 g。

（2）牛肉茸的调味与搅拌方法。向牛肉茸中加入清水、葱姜汁、精盐，顺一个方向由轻到重地搅匀，再放入胡椒粉、味精和鸡蛋清用力搅动，再放入干淀粉继续搅拌至上劲、有黏性。

3. 羊肉茸的调味与搅拌

羊肉茸与调料的配比以及羊肉茸的调味与搅拌方法同牛肉茸。

4. 兔肉茸的调味与搅拌

（1）兔肉茸与调料的配比。一般兔肉茸与调料的配比为：兔肉茸 500 g，葱姜汁 60 mL，清水 80 mL，鸡蛋清 100 g，精盐 8 g，味精 1 g，胡椒粉 1 g，熟猪油 50 g，干淀粉 50 g。

（2）兔肉茸的调味与搅拌方法。向兔肉茸中加入清水、葱姜汁、精盐，顺一个方向由轻到重地搅动，再放入胡椒粉、味精和鸡蛋清用力搅匀，再放入熟猪油、干淀粉继续搅拌至上劲、有黏性。

新鲜的猪肉茸、牛肉茸、羊肉茸和兔肉茸所含肌球蛋白较高，具有较强的吸水性，加上鸡蛋清、熟猪油（牛肉茸、羊肉茸除外）和干淀粉搅拌后就增加了黏性，使茸料松软、有弹性，具有良好的口感。

六、畜类茸料的塑形

畜类茸料的塑形方法通常有挤捏法、模具法、镶嵌法、热塑法等。

1. 挤捏法

用手挤捏畜类茸胶，使其成形状一致的球丸。制作四喜牛肉丸、鱼香兔茸球等菜肴时就用到这种塑形方法。

2. 模具法

可用小碟作模具，先在小碟上抹一薄层猪油，再将畜类茸胶放入按平，用辅料排出美丽的图案，上笼蒸熟后成形。制作肉茸荷花、竹荪肝膏汤等菜肴时就用到这种塑形方法。

3. 镶嵌法

可用镶嵌的方法将畜类茸胶进行塑形。制作肉茸金钱菇、八宝酿开鸟等菜肴时就用到这种塑形方法。

4. 热塑法

可利用蛋白质受热凝固和淀粉受热糊化膨胀的原理，在加热中使畜类茸胶完成塑形。制作锅塌里脊等菜肴时就用到这种塑形方法。

七、畜类茸菜制作的关键

1. 选料严谨

要选用新鲜畜类原料中较嫩的肌肉组织如猪里脊肉、牛里脊肉、兔腰簧肉等为制茸原料，并要去净筋膜。

2. 剁茸精细

在制作茸料前，要用清水浸漂制茸原料，去除肌肉中的血红素。剁制茸料时，不能混入木屑或其他杂质，加工要精细。若用机械粉碎原料，要先将原料切成小块，再反复搅打几遍，必须使原料成为极细的茸状。

3. 投料准确

根据畜类茸胶的要求，向茸料中加入适量的精盐、葱姜汁、清水、鸡蛋清、干淀粉等。同时，要注意投料的次序，不可放入有色调料。茸胶要咸鲜适度。

4. 搅拌方法正确

搅拌畜类茸料时要顺着一个方向，搅拌至茸料上劲、有黏性。

5. 茸胶塑形美观

茸胶塑形要做到大小一致，形态饱满美观。

6. 烹制得当

烹制时要准确控制火候，使菜肴成熟度恰到好处，达要口感鲜嫩的效果。

操作技能

肉茸火腿吐司

操作准备

工具准备

（1）塑料砧板1块（长40 cm，宽30 cm，厚3 cm）。

（2）刀具2把（1把批刀，1把文武刀）或粉碎机1台。

（3）手勺1把（3两勺头）。

（4）漏勺1把（直径24 cm）。

（5）竹馅挑1根。

原料准备

主料

熟火腿100 g，猪里脊肉250 g。

辅料

淡方面包1只，猪肥膘50 g，鸡蛋清（1个鸡蛋的量）。

调料

葱姜汁25 mL，精盐2 g，胡椒粉0.5 g，味精1 g，干淀粉15 g，精制油，番茄沙司一小碟。

操作步骤

步骤1　主料、辅料刀工处理

（1）将煮熟冷却的熟火腿切成长 6 cm、宽 4 cm、厚 1.5 mm 的长方形火腿片 9 片。

（2）将猪里脊肉剁成茸，将猪肥膘剁成茸。

（3）将淡方面包切去外皮，再批成长 12 cm、宽 6 cm、厚 0.6 cm 的大面包片 3 片。

步骤2　烹制准备

（1）将肉茸放入碗内，放入葱姜汁、精盐、胡椒粉、味精、猪肥膘茸、鸡蛋清、干淀粉搅拌至上劲，成肉茸胶。

（2）在大面包片上拍上一层干淀粉，用竹馅挑将肉茸胶均匀涂抹在大面包片上，使其厚度达 0.6 cm 左右，如图 1-29 所示，再在其上铺 3 片火腿片，如图 1-30 所示。

图 1-29　涂抹肉茸胶

图 1-30　肉茸火腿吐司生坯

（3）将 3 个肉茸火腿吐司生坯放在平盘内。

步骤3　烹制

（1）烧热锅，放入精制油，待油温达四成热时，将肉茸火腿吐司生坯面包面向下逐个下入锅中，待面包颜色接近金黄色时，用漏勺捞出沥油。

（2）将炸后的每一块肉茸火腿吐司改刀成三块，排列装盘，与番茄沙司小碟一起上席。

> **操作关键**
>
> 1. 熟火腿要整块煮，以去除一部分咸味，以免口味太咸；切片时要顶丝切，以免火腿片入油后卷缩。
>
> 2. 茸料调味要恰当，搅拌至上劲、有黏性。

3.大面包片的宽度与火腿片的长度要一致，面包要先进行冷冻处理才方便改刀成形。

4.涂抹肉茸胶前，要在面包片上拍上干淀粉，以免肉茸胶脱落。

5.掌控火候，生坯入锅时油温不宜过高，之后再逐步升温炸制。

质量指标

1 色泽：金黄。

2 质感：外脆，里松嫩。

3 口味：咸鲜适中。

4 形态：美观，形状对称。

练习与检测

一、判断题（将判断结果填入括号中，正确的填"√"，错误的填"×"）

1. 草鱼肉的两侧有两条红色的肉，要将其去掉，否则会影响鱼茸的色泽。

（　　）

2. 新鲜鸡的眼珠突出而有光泽，冠部呈褐色。

（　　）

二、单项选择题（选择一个正确的答案，将相应的字母填入题内的括号中）

1. 向鸡茸中加汤时要分数次加入，一次加太多（　　）。

A. 会出现颗粒　　　　　　　B. 不易融合为一体

C. 易澥　　　　　　　　　　D. 宜上劲

2. 关于茸胶的制作要求，下述不正确的是（　　）。

A. 投料要准确　　　　　　　B. 搅拌方法要正确

C. 原料要新鲜　　　　　　　D. 冷冻原料最佳

三、多项选择题（选择两个或两个以上正确的答案，将相应的字母填入题内的括号中）

1. 茸胶塑形的主要作用是（　　）。

A. 丰富菜肴品种　　　　　　B. 改善菜肴风味

C. 提高菜肴艺术品位　　　　D. 增强菜肴的视觉享受

E. 更美味好吃

2. 劣质黑鱼的特征是（　　）。

A. 鱼鳞不完整　　　　　　　B. 鱼鳞表面出现大量黏液

C. 鱼鳃呈灰白色　　　　　　D. 有氨气味

E. 鱼肉白净、有弹性

参考答案

一、判断题

1. √   2. ×

二、单项选择题

1. B   2. D

三、多项选择题

1. ABCD   2. ABCD

项目2 泥及其菜肴制作

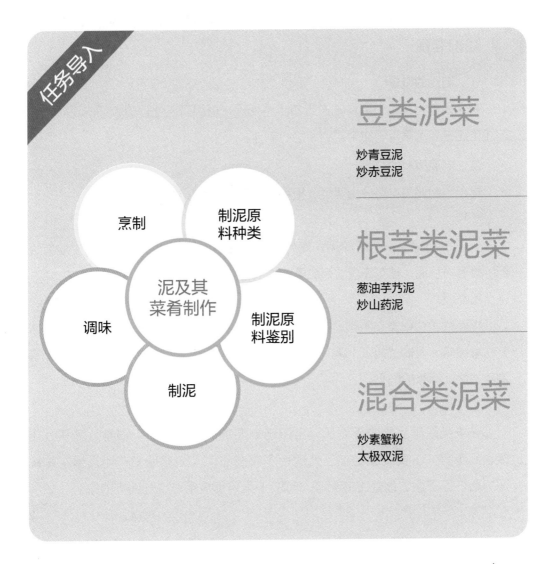

任务导入

烹制

制泥原料种类

泥及其菜肴制作

制泥原料鉴别

调味

制泥

豆类泥菜

炒青豆泥
炒赤豆泥

根茎类泥菜

葱油芋芳泥
炒山药泥

混合类泥菜

炒素蟹粉
太极双泥

任务 1

制泥基础

 任务目标

1. 了解制泥的概念
2. 掌握制泥原料的分类
3. 能根据人体营养需要选择制泥原料
4. 掌握泥的特点
5. 掌握制泥卫生

 知识准备

一、制泥的概念

制泥是指将植物性原料先进行初步熟处理，再用刀工处理成较细的泥状坯料的加工工艺。泥常用于甜菜或甜点馅心制作。

二、制泥原料的分类

常用的制泥原料可分为豆类、根茎类、干果类和瓜果类。

1. 豆类

豆类在制泥中被广泛使用，如青豆、赤豆、绿豆、蚕豆等，可制成炒青豆泥、香酥蚕豆泥、桂花赤豆沙等甜菜或中式面点的馅心。

2. 根茎类

根茎类包括根类和茎类，在制泥中被广泛使用，如胡萝卜、土豆、山药、芋艿、紫薯等，可制成胡萝卜泥、炒土豆泥、炒山药泥、葱油芋艿泥、炒紫薯泥等甜菜或中式面点的馅心。

3. 干果类

干果类是果品类的干制品，常用于制泥的原料有栗子、核桃、莲子、山楂、红枣等，这类干果经加工处理后多制成甜菜，如玫瑰栗子泥、雪花核桃泥、松仁莲子泥、冰糖山楂泥等。有些干果泥也被用作中式面点的馅心，如莲子泥等。

4. 瓜果类

制泥用的瓜果类主要为瓜类和茄果类，瓜类有南瓜、冬瓜等，茄果类有番茄、茄子等。瓜果类制泥一般取用新鲜原料，成品可甜可咸。瓜类泥制品有金盏南瓜泥、南瓜饼、金沙鱼翅汤、冬蓉烩蟹粉等，茄果类泥制品有番茄沙司、炒茄鲞泥等。

三、泥的营养

泥的营养源自制泥原料本身的营养。制成泥后，原料中的营养往往更易被吸收利用。

1. 豆类泥的营养

（1）青豆泥的营养。青豆的蛋白质、糖类含量较高，脂肪含量少，无机盐含量丰富（钙、磷、铁含量均很高），还含有少量的胡萝卜素、核黄素（即维生素 B_2）、烟酸（即维生素 B_3）等，特别含有一般植物体内少有的植物凝集素、赤霉素等物质，对增强人体新陈代谢功能有一定的作用。

（2）赤豆泥的营养。赤豆富含淀粉、蛋白质，而脂肪含量甚少。赤豆的纤维素、磷、钾、镁含量甚高，还含有钙、铁、硫胺素（即维生素 B_1）、核黄素、烟酸、维生素 C、三萜皂苷等，均为机体所需。赤豆作为糕团等食品的原料，有着独特的色泽、美味，能增进食欲，促进肠胃消化、吸收。

（3）绿豆泥的营养。绿豆含有丰富的蛋白质和糖类，而脂肪含量甚少。绿豆的蛋白质主要为球蛋白，并含有蛋氨酸、色氨酸、酪氨酸等多种氨基酸。绿豆含有较丰富的磷脂。绿豆还含有少量钙、磷、铁等无机盐，以及胡萝卜素、硫胺素、核黄素、烟酸等。这些营养成分为机体许多重要器官所必需。

（4）蚕豆泥的营养。蚕豆的蛋白质、糖类含量高于其他大多数豆类，此外，蚕豆还含有磷脂、胆碱、葫芦巴碱、烟酸、核黄素、钙、铁等。这些营养成分均为机体所必需，多食蚕豆有助于预防多种营养不良病症。其丰富的植物蛋白对延缓动脉硬化、抗衰老具有较大的意义。

2. 根茎类泥的营养

（1）土豆泥的营养。土豆富含糖类，含有较多的蛋白质和少量的脂肪，也含有粗纤维（即膳食纤维）、钙、铁、磷，还含有维生素 C、硫胺素、核黄素及可以分解产生维生素 A 的胡萝卜素。每 100 g 土豆所产生的热量约达 76 千卡（1 千卡约为 4.18 kJ，76 千卡约为 318 kJ），比一般食品高 1 倍多，比甘蓝、萝卜高 2 倍左右。500 g 土豆的营养价值相当于 1750 g 苹果的营养价值。从营养角度来看，土豆的营养优于米、面。

（2）芋艿泥的营养。芋艿含有大量的淀粉、一定量的蛋白质和少量的脂肪，并含有钙、磷、铁、胡萝卜素、硫胺素、抗坏血酸（即维生素 C）等。另外，生芋艿去皮后流出的乳状液体中含有一种复杂的化合物（皂苷），它对人的皮肤黏膜有较强的刺激作用。在剥生芋艿皮时，手部皮肤会发痒，此时只需把手放在火上烤一下即可缓解。

（3）胡萝卜泥的营养。胡萝卜含有多种糖类，如淀粉、葡萄糖、果糖、蔗糖。据科学测定，胡萝卜中含有的葡萄糖、果糖、蔗糖加在一起占其本身重量的 7% 左右，高于一般蔬菜。胡萝卜还含有蛋白质以及钙、铁等无机盐，并含有人体必需的多种氨基酸，其中，以赖氨酸含量为最高。胡萝卜还含有琥珀酸钾盐，其有降低血压的作用。胡萝卜含有多种维生素，其所含的丰富的胡萝卜素被人体吸收后能转变成维生素 A，可维护眼睛和皮肤健康。

（4）山药泥的营养。山药含皂苷、黏蛋白、淀粉酶、黏多糖、自由氨基酸、多酚氧化酶、维生素 C、甘露聚糖、植酸等，具有滋补作用。所含的黏多糖与无机盐结合可以形成骨质，使软骨具有一定的弹性。黏蛋白能预防心血管系统脂肪沉积，保护动脉血管，阻止其过早硬化，并可使皮下脂肪减少，避免过度肥胖。

（5）百合泥的营养。百合含有淀粉、脂肪、蛋白质，以及果胶、蔗糖、还原性糖、胡萝卜素、粗纤维等。百合还含有丰富的钾，其能增强肌肉兴奋性，协调代谢功能，使皮肤变得细嫩而富有弹性，从而减少皱纹。另外，百合还含有其他无机盐及多种维生素，还特别含有一种秋水仙碱，其有滋养安神的作用。

3. 干果类泥的营养

（1）核桃泥的营养。核桃含有大量具有特殊结构的脂类，如磷脂、亚油酸、甘油酯、亚麻酸等，其均为构成大脑组织的重要物质。核桃还含有较多的蛋白质和糖类，以及胡萝卜素、维生素 A、B 族维生素、维生素 C、维生素 E、磷、铁、镁等。

食用核桃可使人血白蛋白增加。

（2）栗子泥的营养。栗子含有蛋白质、脂肪、糖类，钙、磷、铁、钾等无机盐，维生素 C、维生素 A、维生素 B_1、维生素 B_2、维生素 B_3 等维生素，以及胡萝卜素等。

（3）枣泥的营养。干枣含糖量高达 60% 以上，维生素 C 含量居果品前列，还含有 B 族维生素、蛋白质、脂肪、有机酸、钙、磷、铁、胡萝卜素等。

（4）莲子泥的营养。莲子富含淀粉和棉籽糖，含糖量与桂圆相当，蛋白质和脂肪含量高于桂圆，还含有多种维生素和钙、铁、磷等无机盐，能为人体提供多种营养素。

（5）山楂泥的营养。山楂的维生素 C 含量非常丰富，铁、钙含量也很高。此外，山楂还含有糖类、胡萝卜素等物质。山楂含有丰富的有机酸，如苹果酸等，可促进胃液分泌，增加消化酵素，帮助消化，增进食欲，对治疗心血管系统疾病有一定的效果，还有降血压、强心、抑菌等作用。

4. 瓜果类泥的营养

（1）南瓜泥的营养。南瓜含有丰富的蛋白质、糖类、脂肪，还含有多种维生素，以及腺嘌呤、精氨酸、瓜氨酸、天门冬氨酸、葫芦巴碱、甘露醇等。南瓜的胡萝卜素含量较高，因此对保护视力具有一定的作用。南瓜含有钙、磷、铁、钴等无机盐，其中，钴具有补血的作用。

（2）冬瓜蓉泥的营养。冬瓜含有蛋白质、糖类、钙、磷、铁、胡萝卜素、维生素 B_1、维生素 B_2、维生素 B_3、维生素 C 等，是不含脂肪的瓜类蔬菜。冬瓜所含的丙醇二酸可抑制糖类转化为脂肪，能防止人体内脂肪堆积，常食有瘦体功效。由于钠含量较低，因此冬瓜适宜冠心病、高血压、肾脏病、浮肿病患者食用。

（3）番茄酱泥的营养。番茄含有多种营养成分，其维生素 C、核黄素含量是苹果的 2 倍左右，脂肪、硫胺素含量是苹果的 3 倍左右，胡萝卜素、钙、磷、铁含量是苹果的 4 倍左右，维生素 A 含量是莴笋的 15 倍左右，糖类含量是苹果的 1/2，烟酸含量为果品之冠，是理想的低热量营养果品。番茄还含有硼、锰、铜等微量元素。番茄所含的谷胱甘肽具有抗衰老的作用；所含的番茄红素具有帮助消化和利尿的作用；所含的番茄碱能抑制某些对人体有害的真菌；所含的柠檬酸、苹果酸能分解脂肪，促进消化。

（4）茄子泥的营养。茄子含有丰富的营养物质，除维生素 A、维生素 C 含量低于番茄外，其余各类维生素、脂肪、糖类、磷、铁的含量都非常接近番茄，蛋白质、钙含量比番茄高出 3 倍左右，热量比番茄高出 1 倍左右。茄子还含有胡萝卜素，以及异亮氨酸、赖氨酸等 8 种氨基酸。茄子的维生素 E 含量为茄果类之最，常食具有增强毛细血管功能、防止出血和抗衰老的作用。

四、制泥的基本要求与泥的特点

1. 制泥的基本要求

（1）制泥原料要新鲜，形态饱满，光泽度好，无虫蛀，无异物混杂。

（2）制泥加工时应先使原料断生成熟，达到"粉"的要求。

（3）制泥原料经刀工处理后应达到纯净细腻、成泥起沙的要求。

2. 泥的特点

（1）质地柔软、纯净，起沙。经预制加工后，泥料纯净柔软，无粗纤维、壳等，且起沙。

（2）淀粉含量高，加热后有黏性。土豆泥、山药泥、芋艿泥等的淀粉含量一般较高。淀粉属多糖，在水的作用下，经加热后会膨胀，生成糊精和其他糖类，产生黏性，从而增强了泥料的可塑性。

（3）易于成菜，便于食用。由于制泥原料在制作中经加热已成熟料，又经刀工处理成细泥状，因此在烹调中可快速成菜，烹调时间大大缩短。精细的泥制品也便于食用。

五、制泥卫生

由于植物泥料营养丰富，软绵细腻，黏性大，极适合细菌生长，因此在制泥过程中要做好卫生管理。

1. 个人卫生

中式烹调师在制泥时要洗净双手。

2. 环境卫生

制泥设备、器具要洁净，厨房空气应保持清新。

3. 成品泥保管

成品泥不能久置，室温下的保质时间为 2~3 小时。成品泥必须加盖保管，否则易遭受葡萄球菌、致病性链球菌、李斯特菌、肉毒梭状芽孢杆菌等细菌的污染。

任务 2

豆类泥菜制作

 任务目标

1. 了解豆类制泥原料

2. 能对豆类制泥原料进行鉴别

3. 能对豆类泥进行运用

4. 掌握豆类制泥原料初步熟处理

5. 能正确进行豆类制泥原料刀工处理

6. 能对豆类泥进行正确调味

7. 能对豆类泥进行烹制

8. 掌握豆类泥菜制作的关键

知识准备

一、豆类制泥原料简介

豆类可供鲜食，也可老熟（自然成熟并风干）后做豆制品，还可用于榨油、制作淀粉或淀粉制品。下面介绍常用于制泥的青豆、赤豆、绿豆、蚕豆。

1. 青豆

青豆（见图 2-1）又称青豌豆、寒豆、淮豆等，古称菽豆，至今栽培已有 5000 余年。青豆在全国各地都有栽培，主要生产于南方诸省，其植株属一年生攀缘草本植物。

青豆性平味甘，具有和中下气、利尿、解疮毒等功能，可治霍乱吐利、脚气、痈肿等。青豆含有皂角苷、蛋白酶

图 2-1 青豆

抑制剂、大豆异黄酮、钼、硒等抗癌成分，对前列腺癌、皮肤癌、肠癌、食道癌等有抑制作用。

■ 青豆为豌豆的一种。豌豆的食用对象可分为豌豆苗、软荚豌豆、硬荚豌豆和白豌豆。

· 豌豆苗可用于煸炒。

· 软荚豌豆连荚壳带豆都可做菜。

· 硬荚豌豆在去荚壳后，豆粒可作菜肴的主料或辅料，也是制豆泥的原料。

· 白豌豆即为干豌豆，磨成粉后可用于制作豌豆糕、豌豆凉粉、豌豆馅以及宫廷点心豌豆黄等。

2. 赤豆

赤豆（见图 2-2）古称小菽、赤菽，又称红豆、红小豆、赤小豆等，是同名植物赤豆的种子。赤豆（植物）属豆科豇豆属，为一年生草本植物，起源于中国，是由野生物种经长期人工培育而成，主要分布于华北地区、东北地区、华南地区，以及黄河流域、长江流域，全国其他地区也有分布。中国自古将赤豆列入粮食的范畴，属杂粮。

图 2-2　赤豆

赤豆的茎有直立、蔓生和半蔓生三种形态，多为绿色或紫色，高 30~50 cm，初生叶对生，次生叶为三出复叶，小叶常有缺刻，总状花序，开黄色蝶形花。成熟豆荚呈筒形，无毛。籽粒短圆或呈圆柱形，颜色有红色、白色、杏黄色、褐色、黑色，有花斑或花纹等。

赤豆性平味甘酸，能利水除湿，可治水肿、脚气，具有排脓的作用，可治疮肿恶血不尽、痔疮出血、肠痈腹痛等，还能消肿解毒、利湿退黄，治热毒痈肿、畜肉中毒、湿热黄疸、丹毒、腮颊肿痛、风疹块等。赤豆有利尿、抗菌、消炎等效用。

3. 绿豆

绿豆（见图 2-3）古称植豆，又称吉豆、青小豆，因其皮为绿色而得名。绿豆（植物）属豆科豇豆属，为一年生草本植物，以籽粒供食用。绿豆原产于中国，有 2000 多年的栽培历史，主产区集中在河南、河北、山东、安徽等地，此外，江西、四川、山西、陕西、湖北、贵州也有种植。绿豆也分布于印度、伊朗及东南亚各国，非洲、欧洲、美洲也有少量种植。

图2-3　绿豆

绿豆主根不发达，侧根细长，茎有直立、蔓生和半蔓生三种形态，高30~100 cm，全株披有茸毛，三出复叶，小叶全缘或浅裂，花梗先端生黄色蝶形花数朵，成熟籽粒颜色有青绿色、黄绿色、墨绿色、褐绿色等，种皮分为有光泽、无光泽两种。我国绿豆品种有200多种，资源相当丰富。

绿豆性凉味甘，能清暑热、利水湿，可治暑天发热或自觉内热及伤于暑气的各种疾病。绿豆有利尿消肿的作用，能治疗各种水肿。绿豆还有解疮毒、食毒、药毒及止泄泻之功，可治痈肿、丹毒、痘疮、无名肿毒等。绿豆还有抗过敏的功效，可治荨麻疹等变态反应性疾病。

4. 蚕豆

蚕豆（见图2-4）又称胡豆、罗汉豆、佛豆、川豆、南豆、倭豆、夏豆等。蚕豆（植物）属豆科野豌豆属，为一年生或二年生草本植物。《本草纲目》称其"豆荚状如老蚕"，因此而得名。蚕豆原产于亚洲西南地区和非洲北部地区，栽培历史悠久，新石器时代文化遗址中就有蚕豆的籽粒，现主要分布在亚洲、非洲和欧洲。我国自古就有栽培蚕

图2-4　蚕豆

豆的历史，相传为汉代张骞出使西域时引入。在我国，蚕豆现主要分布在四川、江西、云南、湖南、湖北、江苏、浙江等南方省份。

蚕豆主根粗壮，茎四棱中空，表面光滑而无刺毛，内有丝绒状茸毛。在荚果成熟过程中，因荚壳所含酪氨酸氧化，荚壳会变成褐色或黑色。蚕豆的豆粒扁平，呈椭圆形，种脐为黑色或无色，种皮颜色有乳白色、黄褐色和青色。蚕豆按籽粒大小分为大粒种、中粒种、小粒种三个变种。

蚕豆性平味甘，有益气健脾之功效，可治因中气不足而倦怠少气等症状，能祛湿消肿，降低胆固醇，对治疗动脉硬化、湿疹等有辅助作用。

二、豆类制泥原料的鉴别

1. 青豆的鉴别

（1）优质青豆。豆荚饱满圆鼓，硬荚壳青翠而有光泽，豆粒大而均匀，质地脆嫩，有清香气者为优质青豆。

（2）次质青豆。豆荚有皱条纹，硬荚壳有褐色斑点而无光泽，豆粒泛白，质地显老，无清香气者为劣质青豆。

2. 赤豆的鉴别

（1）优质赤豆。干燥，粒大，皮薄，颗粒饱满而有光泽者为优质赤豆。色赤发亮或色红带紫光，且豆脐有白纹者品质最佳。

（2）次质赤豆。粒小，皮厚，籽粒稍长者稍次；深赤者较次；色灰暗不红或多花斑者最次。

3. 绿豆的鉴别

（1）优质绿豆。绿豆皮色分为青绿、黄绿、墨绿等，其中，以籽粒大小均匀，色泽青绿，皮薄粉多，饱满形圆者（称官绿）为最佳。安徽明光绿豆、河北宣化绿豆、山东龙口绿豆等均为绿豆名品。

（2）次质绿豆。粒小不均，色深而无光泽，皮厚粉少者（称油绿）品质较差。

4. 蚕豆的鉴别

（1）优质蚕豆。外形饱满圆鼓，豆荚翠绿，光泽油亮，一荚多粒，豆粒大而皮薄，粉质细腻者为优质蚕豆。上海本地蚕豆、日本大荚蚕豆、浙东蚕豆、蜀中大蚕豆等均为蚕豆佳品。

（2）次质蚕豆。外皮皱而有褐色花斑，豆荚无光泽，以一荚单粒居多，粒形大小不一，皮厚，发黑，长芽，质地僵硬者为劣质蚕豆。劣质蚕豆多为过了时令的蚕豆。

三、豆类泥的运用

1. 青豆泥的运用

青豆泥可用于炒制青豆桂花泥，炸制香脆豆泥球；也可在中式面点制作中用作馅心，如用于制作豌豆青、翠沙、眉毛酥、鲫鱼青泥酥等。

2. 赤豆泥的运用

赤豆泥可作为甜菜单独使用；也可作为红色甜泥镶拼于炒双泥或炒三泥的甜菜中，如太极双泥、桃形三色甜泥等；也可用于甜羹制作中，如桂花圆子豆沙羹；还可作为中式面点（如钳花豆沙包、豆沙月饼等）的馅心使用。

3. 绿豆泥的运用

绿豆泥可用于制作炒绿豆泥、绿豆沙南瓜汤等；也可用于中式面点（如夏令清凉绿豆糕、糯米绿豆细沙圆子等）制作。

4. 蚕豆泥的运用

蚕豆泥咸甜皆宜，可用于炒制葱油蚕豆泥、鲜蚕甜泥等菜肴；也可用于烩制酥肉豆沙汤等菜肴；还可用于制作凉菜，如雪菜蚕豆泥、开洋蚕豆泥等。

四、豆类制泥原料初步熟处理

1. 青豆制泥初步熟处理

（1）挑拣剥去荚壳的大粒青豆，洗净。

（2）将青豆放入沸水锅煮开，加少许食碱，转用中火煮至酥软脱壳，捞出，用冷水浸漂冷却，待用。

2. 赤豆制泥初步熟处理

（1）挑拣赤豆，去除杂物后洗净，放入清水里浸泡一昼夜。

（2）将赤豆捞出放入锅内，加水（以淹没赤豆为准）烧开，改小火焖煮，焖煮中用锅铲翻动几次（防粘锅底烧焦），直至豆粒酥烂，取出晾凉，待用。

3. 绿豆制泥初步熟处理

（1）挑拣绿豆，去除杂物、瘪粒后洗净，放入清水里浸泡一昼夜。

（2）将绿豆捞出放入锅内，加水烧开（以淹没绿豆为准），改用小火焖煮，焖煮

中用锅铲翻动几次，直至豆粒酥烂，取出晾凉，待用。

4. 蚕豆制泥初步熟处理

（1）将蚕豆剥去硬荚后再剥去豆皮，去除发黄的蚕豆瓣，洗净。

（2）将蚕豆瓣放入沸水锅中煮，烧开后改中火略烧即酥烂，取出晾凉，待用。

五、豆类制泥原料刀工处理

1. 青豆制泥刀工处理

（1）将煮酥软并冷却的青豆放入网筛中，下面放盆，用调羹反复搓擦青豆，使青豆泥汁滤滴入碗中，去掉网筛中的空壳。

（2）搓擦完后，将青豆泥汁盛入白布袋内，收紧袋口，用力挤去水分，即成青豆泥生坯。

2. 赤豆制泥刀工处理

（1）将煮酥烂并晾凉的赤豆置于网筛中，下面放大盆，边向网筛中加水边用调羹反复搓擦赤豆，去除赤豆壳，至赤豆泥汁全部流入盆内。

（2）待赤豆沙沉淀后，滗去表面的水，将其盛入白布袋中，收紧袋口，用力挤去水分，即成赤豆泥生坯。

3. 绿豆制泥刀工处理

（1）将煮酥烂并晾凉的绿豆置于网筛中，下面放大盆，边向网筛中加水边用调羹反复搓擦绿豆，去除绿豆壳，至绿豆泥汁全部流入盆中。

（2）待绿豆沙沉淀后，滗去表面的水，将其盛入白布袋中，收紧袋口，用力挤去水分，即成绿豆泥生坯。

4. 蚕豆制泥刀工处理

（1）将煮酥烂并晾凉的蚕豆瓣放入网筛中，下面放盆，用调羹反复搓擦蚕豆，使蚕豆泥汁流入盆中。

（2）搓擦完后，将蚕豆泥汁倒入白布袋中，收紧袋口，用力挤去水分，即成蚕豆泥生坯。

六、豆类泥的调味

豆类泥主要可调味为甜香味和咸鲜味两大类。

1. 豆类泥的调味原则

（1）甜香味豆类泥菜的调味原则。制作甜香味豆类泥菜主要使用食糖或以甜味为主味的调料，其常用的食糖有以下几类。

1）白糖。在我国，白糖主要分为白砂糖和绵白糖两种。白糖滋味纯正，是食糖中蔗糖含量最多、纯度最高的品种，是烹调甜菜、配制甜馅和调制甜味的主要调料。

2）红糖。红糖有赤砂糖和土红糖之分，质量以色黄红、味浓甜为佳，多用于制馅及增色。红糖甜度不如白糖，但在实际运用中有独到之处。

3）冰糖。冰糖成分纯净，口味清甜，呈晶莹的块状，是民间喜爱的食糖品种。冰糖可直接食用，也可用来调味，还可用来配药，民间视其为滋补调料。

4）饴糖。饴糖又称麦芽糖，味道甜柔爽口。饴糖在菜肴烹调中直接使用的情况较少，只限于做少数菜肴的增色用料和辅助调料，广泛用于辅助制作一些面食糕点。

5）蜂糖。蜂糖即蜂蜜，是蜜蜂的分泌物，经过加工净化可以作为食品或药物服用。蜂糖含有丰富的果糖和葡萄糖，能为人体直接吸收，烹调中主要用于调味和增色、起色。

为甜香味豆类泥菜调味时，应以食糖为基础，以甜味为主味，突出其香甜风味和亮丽色泽。另外，还可选择用糖和鲜花的腌制品，如糖桂花、糖玫瑰花等，利用其天然独特的色、香、味为甜菜增加风味。

在甜香味泥菜的调味中，要体现纯正、适中的甜味，其中很重要的一点就是要处理好糖与水、原料、油的配比。配比得当，相得益彰；配比不当，成品就会失败。

（2）咸鲜味豆类泥菜的调味原则。豆泥较多用于制作甜香味泥菜，用于制作咸鲜味泥菜的情况较少，其咸鲜味类型有葱油咸鲜味、麻油香咸鲜味及桂花香咸鲜味。

制作咸鲜味豆类泥菜时，应掌握以下调味原则。

1）精确掌握盐的用量。盐是形成咸味的关键，为百味之首。

2）注意鲜味调料与咸味调料和泥料的数量配比，使成品口味咸鲜适宜、风味突出。

3）鲜味调料以鲜汤为主，要提前制好高汤，适度使用味精或鸡精增鲜。

2. 豆类泥的调味方法

根据不同菜品要求，豆类泥的烹调方法主要有炒制法、炸制法、填酿法、烩制

法等。采用不同的烹调方法时，调味方法也不同。

（1）炒制时的调味方法。炒制法一般适用于以豆类泥料为单一主料时（多采用煸炒和推炒的方法），且用以制作甜菜为主，如炒赤豆泥、炒青豆泥等。采用炒制法时，调料一般在烹调时加入。油兼具调味和传热的作用，应在加热中分次逐步加入。糖要在豆类泥料炒出水分并在大部分水分都蒸发后再加入，要适时适量，使成品达到肥糯甜香的质量要求。

（2）炸制时的调味方法。炸制法一般适用于以豆类泥料为馅心的情况下，多用于中式面点（如豆沙锅饼、豆沙盒子酥等）制作中，也可用于甜菜（如夹沙香蕉、夹沙苹果等）制作中。采用炸制法时，调料要在烹调前加入。

（3）填酿时的调味方法。有些菜肴或甜点需先将豆类泥料炒制成馅心，再与其他辅料组合，用填酿的手法完成造型，再行蒸制，最后浇上玻璃芡。采用填酿法时，会综合运用烹调前调味和烹调中调味，如细沙酿枇杷。

（4）烩制时的调味方法。烩制法一般适用于以豆类泥料为主要辅料时。采用此方法的甜香味豆类泥制品有细沙圆子羹、细沙水果羹等，采用此方法的咸鲜味豆类泥制品有酥肉豆沙羹等。采用烩制法时，一般运用烹调中调味。

七、豆类泥的炒制

1. 豆类泥的炒制火候

（1）白糖加热后的属性变化。白糖在调味中占重要地位，也是形成甜菜风味的主要调味品。

白糖在加热后的属性变化如下：

白糖加水，水的重量是白糖重量的 1/3~1/2，呈白色

↓加热

从白色变成淡黄色，翻大泡，形成稀流汁

↓加热

水分蒸发，浓度增大，汁液变稠，产生黏性，呈棕红色

↓加热

190℃时形成稀流汁，开始碳化，呈褐色

↓加热

完全碳化，呈黑色

（2）豆类泥的炒制火候控制。在炒制豆类泥的过程中，火候控制是否得当是影响成品成败的一个重要因素。在制作甜香味豆类泥菜时，要根据糖在加热过程中的属性变化掌握火力。一般在大火时滑锅，下入泥料后改用中火，炒去泥料中大部分水分后加入白糖，一直用中火炒至白糖溶化、泥料增厚即可。

2. 豆类泥的炒制用油

（1）豆类泥炒制用油品种。炒制豆类泥时通常使用熟猪油。熟猪油可提供足够的热量，其含有的脂肪酸、磷脂、胆固醇等是细胞的重要组成物质。选择熟猪油时，以选择优质板油为最佳，其呈液态时透明清澈，呈固态时色白质软，明净而无杂质，香而无异味，用于烹调有增香、润泽、增进食欲等作用。

（2）豆类泥炒制用油量。应根据不同的成品要求灵活掌握豆类泥炒制用油量，一般用油量约为泥量的 1/3（这里的量指重量）。

3. 豆类泥的炒制方法

以甜香味豆类泥菜为例，炒制时，一般先大火滑锅，之后留少量油，将泥料放入锅中，边炒边加适量油（油要分次缓慢入锅），使油渗入泥料中，随着水分蒸发，逐步使原料烫口、润滑、光亮，并便于糖加入后快速溶化。炒制时用中火，手勺底朝上，不停推炒。每次加油不能过多，频率不能太高，以防原料吐油，影响形态。成品略吐油泡，堆起不塌，色泽光亮，香气扑鼻，即为成功。

八、豆类泥菜制作的关键

1. 选料严谨

要选择优质的豆类制泥原料。青豆和蚕豆要选新鲜饱满的颗粒，赤豆和绿豆要选优质的品种，并注重其产地。

2. 采用正确的初步熟处理方法

对豆类制泥原料进行初步熟处理时，要注意煮熟或蒸透，不能出现夹生不熟的现象。赤豆和绿豆要掌握好浸泡的时间。青豆和蚕豆经过初步熟处理后要保持色泽翠绿，勿使变色、走色。

3. 刀工处理精细

经初步熟处理后，要将豆类制泥原料用调羹进行挫擦，并用网筛使其过滤成泥，注意要去除豆壳，使泥料精细。

4. 准确调味

豆类泥的调味要准确，要达到甜香可口或咸鲜适口的要求。

5. 合理烹制

豆类泥的烹制要掌握火候，以及调料和油的用量与加入时机。

6. 符合"三不粘"

豆类泥成品要"三不粘"，即不粘锅、不粘盘、不粘牙。

 操作技能

炒青豆泥

操作准备

工具准备

（1）网筛 1 个。

（2）白布袋 1 个。

（3）手勺 1 把（3 两勺头）。

（4）调羹 1 只。

原料准备

主料

青豆 1000 g。

调料

熟猪油 150 g，白砂糖 150 g，食碱 3 g。

操作步骤

步骤 1　原料初步熟处理

（1）将青豆洗净。

（2）将水烧开，将青豆放入锅中煮开，加食碱，改用中火，煮至其酥软脱壳，捞出，用冷水浸漂冷却。

步骤 2　烹制准备

（1）将网筛洗净，下置一盆，将煮酥软并冷却的青豆放入网筛中，用调羹反复搓擦，如图 2-5 所示，将青豆泥汁滤入盆中，豆壳去除不用。

图 2-5　搓擦青豆

（2）将青豆泥汁盛入白布袋内，收紧袋口，用力挤去水分，取出青豆泥，放入盘中。

步骤 3　烹制

（1）将炒锅洗净，置旺火上，用油滑锅后留少许油，放入青豆泥煸炒，火力由大火改为中火，边炒边加适量油，煸炒至原料中的大部分水汽化后，加白砂糖继续炒，绿黄色青豆泥与白砂糖混合炒制后会变成翠绿色，一直炒至青豆泥呈蜂窝状吐小油泡，如图 2-6 所示。

图 2-6　炒制青豆泥

（2）将炒制完的青豆泥盛盘堆起。

操作关键

1. 煮青豆时要沸水下锅，加少量食碱，这样既可保持青豆色泽青绿，也可使青豆易于煮酥软。

2. 青豆煮酥软后应浸凉。

3. 将青豆搓擦成泥汁后，应用白布袋挤去水分。

4. 烹制时，要注意滑锅，勿使原料粘锅，火候要由旺火转为中火。

5. 煸炒时，油要分次加入，不能加得太多、太快，以防青豆泥吐油。

6. 加白砂糖后，要等待其溶化，但也要注意不能炒制时间过长，泥稠厚即可，避免结块。

质量指标

1 色泽：翠绿鲜艳。

2 质感：细腻软糯。

3 口味：甜香。

4 形态：堆装美观。

5 其他："三不粘"。

炒赤豆泥

操作准备

工具准备

（1）网筛1个。

（2）白布袋1个。

（3）手勺1把（3两勺头）。

（4）调羹1只。

原料准备

主料

赤豆500 g。

调料

熟猪油150 g，白砂糖150 g，糖桂花15 g。

操作步骤

步骤1　原料初步熟处理

（1）将赤豆洗净，放入清水里浸泡一昼夜。

（2）将赤豆放入锅内，加水（以浸没赤豆为准）大火烧开，小火焖煮。焖煮中，用锅铲翻动（翻到底）几次，直至豆粒酥烂，取出晾凉。

步骤2　烹制准备

（1）将煮酥烂并晾凉的赤豆置于网筛中，下面放大盆，一边向网筛中加水一边用调羹搓擦，如图2-7所示，至赤豆泥汁全部流入盆内，豆壳去除不用。

图 2-7　搓擦赤豆

（2）待赤豆沙沉淀后，滗去表面的水，将其盛入白布袋中，收紧袋口，用力挤去水分，取出赤豆泥，放入盘中。

步骤 3　烹制

（1）将炒锅洗净，置旺火上，用油滑锅后留余油 50 g，先放 50 g 白砂糖，待白砂糖溶化后倒入赤豆泥，改用中小火不断翻炒，至大部分水分蒸发、原料逐渐稠厚时，再放入剩下的熟猪油、白砂糖继续推炒，如图 2-8 所示。

图 2-8　炒制赤豆泥

（2）炒至赤豆泥色泽油亮、堆起上劲、不粘锅、不粘勺时，撒入糖桂花推匀，装盘。

操作关键

1. 赤豆要用清水浸泡一昼夜。

2. 赤豆要煮得越软越好（也可蒸），但不能将其煮碎或煮开花，否则影响泥沙的质地和出沙率，也易导致粘锅。

3. 烹制时要注意用油滑锅，防止原料粘锅；掌握火候，先用旺火再改用中小火，以便于炒透，同时防止豆泥起泡时溅出伤手。

4. 炒制时，油与糖要分次加入，油、糖与赤豆泥的比例可自行调节，用于制甜菜和用于制甜馅时的比例不尽相同。

5. 糖桂花最后加入，以免影响最终的香味。

质量
指标

1 色彩：
褐红色。

2 质感：
细腻软糯。

3 口味：
甜香。

4 形态：
堆装美观。

5 其他：
"三不粘"。

任务 3

根茎类泥菜制作

任务目标

1. 了解根茎类制泥原料
2. 能对根茎类制泥原料进行鉴别
3. 能对根茎类泥进行运用
4. 掌握根茎类制泥原料初步熟处理
5. 能正确进行根茎类制泥原料刀工处理
6. 能对根茎类泥进行正确调味
7. 能对根茎类泥进行烹制
8. 掌握根茎类泥菜制作的关键

知识准备

一、根茎类制泥原料简介

根茎类蔬菜包括根菜类和茎菜类。

根菜类是以肥大的变态根作为食用对象的蔬菜，富含糖类，比较适于储藏，在秋冬季节大量上市，其中常用于制泥的有胡萝卜等。

茎菜类是以肥大的变态茎作为食用对象的蔬菜，大部分富含糖类和蛋白质，含水量较少，适于储藏。茎菜类可分为地上茎菜类和地下茎菜类两种。茎菜类也可以细分为根茎类蔬菜、球茎类蔬菜、鳞茎类蔬菜、嫩茎类蔬菜等，根茎类蔬菜有藕、姜等，球茎类蔬菜有慈姑、荸荠等，鳞茎类蔬菜有大蒜、洋葱等。嫩茎类蔬菜有竹笋、茭白等。土豆、芋艿、山药等是常用的制泥原料，百合也可用于制泥。

选用根茎类制泥原料时，基本要求是选用质地坚实、无粗纤维、淀粉含量高的洁净原料，这种原料制成的泥较有利于菜品的造型、点缀等，并能缩短烹调时间。下面介绍几种常用的根茎类制泥原料。

1. 土豆

土豆（见图 2-9）学名为马铃薯，又称洋山芋、山药蛋、洋芋、地蛋、荷兰薯

图2-9　土豆

等。土豆（植物）属茄科茄属，是能形成肥硕的地下块茎（供食用部分）的栽培种，为一年生草本植物。

（1）土豆的起源与传播。土豆起源于南美洲的秘鲁、智利和玻利维亚的安第斯山区，由印第安人将野生种驯化而成。哥伦布发现美洲新大陆后，土豆才陆续传到欧洲大陆，成为主要的经济作物，16世纪初又传入北美洲，17世纪初经由丝绸之路传入我国西北、华南。

（2）土豆的品种。土豆的大部分栽培种均通过杂交育种培育而成。土豆按皮色分为白皮土豆、黄皮土豆、红皮土豆、紫皮土豆等，按肉质颜色可分为黄肉土豆和白肉土豆，按形状分为圆形土豆、椭圆形土豆、长筒形土豆、卵形土豆等。

（3）土豆的营养与功效。土豆性平味甘，有和胃调中、健脾益气、强身益肾、消炎等作用，可治神疲乏力、筋骨损伤、腮腺炎、烧烫伤等，能有效改善消化不良，特别适合胃病患者食用，有一定的药用价值，对治疗胃溃疡、十二指肠溃疡、慢性胃痛、胃寒、习惯性便秘、湿疹等都有较好的作用。

> ■ 土豆含有一定量的龙葵碱，因储藏不当而表皮发紫、发绿或出芽后，块茎中的龙葵碱含量大大增加，多食会出现中毒症状。

图2-10　芋艿

2. 芋艿

芋艿（见图2-10）古称蹲鸱，又称芋头、毛芋艿、芋魁等。芋艿（植物）属天南星科芋属，是能形成地下球茎（供食用部分）的栽培种，为多年生草本植物。

（1）芋艿的起源与传播。芋艿起源于印度、马来西亚和中国南部的热带沼泽地区，后随原始马来民族的迁移传到澳大利亚、新西兰等地，从印度传入埃及及欧洲大陆，16 世纪从太平洋岛屿传入美洲。中国为芋艿的主要产区之一，栽培面积居世界前列。在我国，芋艿主要分布在珠江流域，其次为长江流域和淮河流域，华北地区也有栽培。

（2）芋艿的品种。芋艿的地下球茎形状有圆形、椭圆形和圆筒形，茎上具有叶痕环纹，节上腋芽能发育出新的球茎，即从母芋上能长出子芋，再长出孙芋、曾孙芋等。芋艿的栽培种有 60 多种，依母芋和子芋的发达程度及子芋着生的习性分为魁芋、多子芋和多头芋三种类型。

（3）芋艿的营养与功效。芋艿性平味甘辛，有消疬散结、添精益髓、疗热止渴的功效，可治瘰疬、无名肿毒、甲状腺肿、肠中痞块、牛皮癣、烫火伤、虫咬蜂蜇等，对治疗急性关节炎、乳腺炎等也有好处。

3. 胡萝卜

胡萝卜（见图 2-11）又称红萝卜、黄萝卜、丁香萝卜、葫芦菔金、赤珊瑚、黄根等。胡萝卜（植物）属伞形科胡萝卜属，能形成肥大肉质根（供食用部分），为一年生或二年生草本植物。

（1）胡萝卜的起源与传播。胡萝卜原产于中亚、西亚地区，栽培历史已达 2000 年以上，现已分布世界各地。汉武帝时期，胡萝卜由出使西域

图 2-11　胡萝卜

的张骞带入我国，目前全国各地均有栽培，产量居根茎类蔬菜前列。

（2）胡萝卜的品种。胡萝卜品种较多，一般按肉质根形态分为短圆锥形胡萝卜、长圆锥形胡萝卜和长圆柱形胡萝卜。

1）短圆锥形胡萝卜。短圆锥形胡萝卜为早熟品种，其皮、肉均为橘红色，肉厚，芯柱细，长度为 10 cm 左右，单根重 100~150 g，质嫩味甜，宜生食。

2）长圆锥形胡萝卜。长圆锥形胡萝卜多为中晚熟品种，分红胡萝卜、黄胡萝卜

等，肉厚，芯柱为浅绿色，长度为16 cm 左右，味甜，耐储藏。

3）长圆柱形胡萝卜。长圆柱形胡萝卜为晚熟品种，通常在秋季大量上市，可保存到翌年春季，因粗壮个大，很适宜进行雕刻造型。

（3）胡萝卜的营养与功效。胡萝卜性平味甘，有降压、强心、抗炎、抗过敏的功效，可治消化不良、久痢、咳嗽、痘疹等。胡萝卜所含的维生素能维护上皮细胞的完整性和正常的新陈代谢功能，使身体免遭细菌、病毒感染。胡萝卜还含有能增强人体免疫力的物质——木质素，它可提高人体巨噬细胞的活力，减少人感冒的概率，且对肠胃有保护作用。

图2-12　山药

4. 山药

山药（见图2-12）即薯蓣，又称玉延、薯药、山薯、白苕等。山药（植物）属薯蓣科薯蓣属，是能形成地下肉质根状茎（供食用部分）的栽培种，为一年生或多年生蔓性草本植物。

（1）山药的起源与传播。山药起源于亚洲、非洲及美洲，是野生种经长期选育进化而成。我国是重要的山药发源地、栽培地之一，在唐代已有山药种植、制粉、食用的记载。山药在我国各地都有栽培，以河南、湖北、湖南、山西等地为多。

（2）山药的品种。山药外皮为黄褐色，肉为白色，表面密生须根。

我国栽培的山药主要有普通山药和田薯两大类。普通山药又称家山药，块茎较小；田薯又称大薯、柱薯，块茎较大，重的可达5 kg 以上。

以上两大类山药的外形都可分为扁块形、圆筒形和长柱形三种。

1）扁块形山药。扁块形山药呈扁形，似脚掌，又称脚板薯，大多分布在南方，如江西、湖南、四川、贵州、福建、广东、广西等地。

2）圆筒形山药。圆筒形山药呈短圆筒状或不规则团块，分布在南方各地。

3）长柱形山药。长柱形山药呈柱形，长30~100 cm，直径为3~10 cm，分布

于陕西、山东、河南、河北等地。

（3）山药的营养与功效。山药性平味甘，能补中益气、长肌肉、止泄泻、治消渴、益肺固精，具有滋补作用，适用于治疗身体虚弱、精神倦怠、食欲不振、消化不良、慢性腹泻、虚劳咳嗽、体虚盗汗、糖尿病及夜尿多等。山药为治虚症之佳品，常年食用山药还有抗衰老之功效。值得注意的是，山药有收敛作用，大便燥结者不宜食用。

二、根茎类制泥原料的鉴别

1. 土豆的鉴别

（1）优质土豆。薯块大小适中而均匀，黄肉种，呈椭圆形，芽眼浅显，皮薄且干净，不带毛根和泥土，无疤和糙皮，无病斑、虫蛀斑和机械外伤，不萎蔫发软，无发酵酒精气味，不发芽、不变绿者为优质土豆。

（2）劣质土豆。薯块特别肥大或大小不均匀，白肉种，带有毛根和泥土，有疤或糙皮，有病斑或虫蛀斑或机械外伤，芽眼深或已发芽，萎蔫发软，产生发酵酒精气味，有绿皮现象者为劣质土豆。

2. 芋艿的鉴别

（1）优质芋艿。优质芋艿一般为子芋，呈椭圆形，棕色毛环分布匀称，梗部呈粉红色，肉质为粉质、有清香味。子芋质地比母芋嫩，粗纤维少，著名的品种有金华红梗芋艿、上海崇明毛芋艿、广东红芽芋、福建红梗无娘芋等。

（2）劣质芋艿。劣质芋艿一般为多头芋，球茎分蘖丛生，母芋、子芋、孙芋间无明显差别，且互相密接重叠，形态大小不一，有僵块，介于粉质和黏质之间，主要是旱芋，如广东九面芋、江西狗头芋等。

3. 胡萝卜的鉴别

（1）优质胡萝卜。长圆锥形，色泽鲜艳，形态匀称，粗壮，表面光滑，无糙皮，条形完整，表面无开裂现象，无伤痕，不带细毛根与泥土者为优质胡萝卜。

（2）劣质胡萝卜。头大根细，不呈圆锥形，色泽暗淡，表面有开裂现象，根须带泥，有伤痕者为劣质胡萝卜。

4. 山药的鉴别

（1）优质山药。外皮干燥，芽眼螺旋形有序排列，茎体硬朗，无机械损伤和虫咬瘢痕，断面洁白，肉质爽脆者为优质山药，如河南沁阳、武陟及陕西华县的怀山药，山东济宁米山药，江西南城淮山药等。其中，怀山药最著名，具有质坚、粉足、洁白、久煮不散的特点。铁棍山药是怀山药中的精品。

（2）劣质山药。外皮湿润，芽眼中有芽爆出并呈青紫色，茎体有软化现象，有机械损伤或虫咬瘢痕，部分变黑，断面呈黄色者为劣质山药。

三、根茎类泥的运用

1. 土豆泥的运用

土豆泥在菜肴制作中适合炒制成咸鲜味或甜香味泥菜，如葱油土豆泥、桂花土豆泥等，或炸制成土豆三鲜丸子、八宝豆泥球等；可与其他根茎类泥料如胡萝卜泥等一起制作成仿荤名菜，如炒素蟹粉、炒珊瑚泥、炒三合泥等；也可冷却后在花色拼盘中做衬底或假山造型；还可用于制作中式面点中的馅料或直接制作糕点等。

2. 芋艿泥的运用

芋艿泥可作蔬菜，也可代粮。芋艿泥可用烧、蒸、炒、烩等烹调方法制作成菜肴或点心，调味咸、甜皆宜，可制作成桂花芋泥、葱油芋艿泥、煎芋饼、蒸扣夹沙芋泥等。

3. 胡萝卜泥的运用

胡萝卜泥可与土豆泥一起炒制，制成炒素蟹粉、炒珊瑚泥等，仿蟹黄或珊瑚的色彩。

4. 山药泥的运用

山药泥作辅料时以咸味为主，作主料时以甜味为主（如玫瑰山药泥、奶油山药泥、蓝莓山药泥、椰香山药泥等），也可制成咸甜皆可的芦笋山药泥等。

四、根茎类制泥原料初步熟处理

1. 土豆制泥初步熟处理

不同季节出土的土豆用于制泥时的初步熟处理方法也不同。下面介绍夏季出土的土豆和冬季出土的土豆的不同初步熟处理方法。

（1）夏季出土的土豆的初步熟处理

1）特点。夏季出土的土豆黏性一般，含糖量高，起沙性较差。

2）初步熟处理方法。挑选中等大小的土豆并将其清洗干净，削去皮后漂洗一下放入锅中，加清水浸没烧开后煮 20 分钟左右至熟，捞出，晾凉待用。

> ■ 由于土豆中所含的多酚氧化酶在氧的大量侵入下会催化酚类物质产生化学反应，从而发生褐变作用，使土豆变成褐色，因此削完皮的土豆若不立刻使用应浸没于水中，以起到隔氧的作用。

（2）冬季出土的土豆的初步熟处理

1）特点。冬季出土的土豆黏性较大，起沙性良好。

2）初步熟处理方法。挑选中等大小的土豆并将其清洗干净，将土豆带皮加水浸泡，上笼蒸熟后取出，趁热在土豆中间沿皮划一圈，用手在两头捏除土豆皮，晾凉待用。

2. 芋艿制泥初步熟处理

芋艿制泥初步熟处理有以下两种方法。

（1）先去皮，后蒸。挑选中等大小的芋艿清洗干净，用刨刀将芋艿皮削去，用清水漂洗一下，放入盛器中。将去皮漂净的芋艿上笼，用旺火蒸 20 分钟左右，取出晾凉。

（2）先蒸或煮，后去皮。将芋艿除去表皮长绒毛后洗净，不去皮，上笼蒸或入锅中加水煮 20 分钟左右取出，趁热剥去芋艿皮，晾凉待用。

3. 胡萝卜制泥初步熟处理

（1）选择长圆锥形胡萝卜，将其洗净后刨去外皮，切成 2 寸长的段，如发现其头部芯柱发绿，则去掉上段不用。

（2）将胡萝卜上笼蒸熟（或煮熟），取出晾凉待用。

> ■ 蒸是一种健康的、适合胡萝卜的烹调方法，经蒸后，其细胞通透性提高，胡萝卜素能够更好地被释放，从而提高其吸收利用率。

4. 山药制泥初步熟处理

（1）将山药清洗干净，以免沙土混入，影响口感。若使用铁棍山药，在清洗时要戴橡皮手套，其原因是山药黏液中含有植物碱和皂角素，皮肤接触到会产生刺痒的感觉。

（2）将洗净的山药切成 3 寸左右的段，上笼蒸或入锅煮 20 分钟左右至熟，待其稍凉后，剥去外皮，晾凉。

五、根茎类制泥原料刀工处理

1. 土豆制泥刀工处理

（1）手工加工制泥。将去皮、晾凉的熟土豆置于砧板上，用 2 号批刀斜压土豆，使其成泥，反复操作三次，直至土豆泥细腻绵软为止。在中式面点制作中，也可用擀面杖擀压熟土豆成泥。

（2）机械加工制泥。将去皮、晾凉的熟土豆切成小块，用粉碎机顺一个方向搅拌成泥，泥料将更加细腻、滑爽和绵软。

2. 芋艿制泥刀工处理

（1）手工加工制泥。将去皮、晾凉的熟芋艿置于砧板上，用 2 号批刀斜压芋艿，使其成泥，反复操作三次后，除去粗纤维，直至芋艿泥细腻绵软为止。在中式面点制作中，也可用擀面杖擀压熟芋艿成泥。

（2）机械加工制泥。将去皮、晾凉的熟芋艿切成小块，用粉碎机顺一个方向搅拌成泥。机械加工的特点是快速、方便，但存在一些不足，即易把芋艿中的粗纤维一起打碎，混入芋艿泥中，造成芋艿泥口感粗糙。

> ■ 操作粉碎机时要注意卫生，粉碎机、料斗、刮铲都要干净，中式烹调师要双手干净，戴口罩，戴一次性隔离手套，同时要做好工具消毒工作，以保证泥料干净卫生。

3. 胡萝卜制泥刀工处理

胡萝卜适合用手工加工制泥方法。将蒸熟、晾凉的胡萝卜段置于砧板上，用 2 号批刀斜压胡萝卜段，使其成泥，反复操作三次，直至胡萝卜泥细腻。胡萝卜不适宜用粉碎机进行机械加工制泥，因为这样会造成泥的汁化（产生汁液），从而造成胡萝卜素流失。

4. 山药制泥刀工处理

（1）手工加工制泥。将去皮、晾凉的熟山药的皮内毛须根基去尽，并将其置于砧板上，用 2 号批刀斜压山药使其成粗泥，再反复操作两次使其成细泥，使泥料达到色泽洁白、细腻绵软的要求。由于怀山药粉质多、粗纤维少，因此在中式面点制作中，也适合用擀面杖擀压成泥。手工加工制泥适合大部分山药品种。

（2）机械加工制泥。适合用粉碎机机械加工制泥的山药只限于粉足、茎体硬朗、肉质洁白、熟后含水量少的优质怀山药。因为其他种类的山药熟后含水量较多，所以采用机械加工制泥容易造成汁化。

进行机械加工制泥时，应将熟透晾凉的去皮山药的毛须根基去尽，切成小段，放入粉碎机，顺一个方向搅拌成泥，使其洁白、细腻、粉软。

六、根茎类泥的调味

根茎类泥主要可调味为甜香味和咸鲜味两大类。

1. 根茎类泥的调味原则

（1）甜香味根茎类泥菜的调味原则。甜香味根茎类泥菜的调味原则同甜香味豆类泥菜的调味原则。

（2）咸鲜味根茎类泥菜的调味原则。咸鲜味根茎类泥菜的调味原则同咸鲜味豆类泥菜的调味原则。

2. 根茎类泥的调味方法

根据不同菜品要求，根茎类泥的烹调方法主要有炒制法、炸制法、蒸制法等。采用不同的烹调方法时，调味方法也不同。

（1）炒制时的调味方法。炒制法适用于以根茎类泥料为主料时（多采用煸炒的方法），成菜一般以甜香味为主，咸鲜味也适宜，如炒土豆泥、炒山药泥、葱油芋艿泥等。调味品都在炒制时加入。油兼具调味和传热的作用，应分次逐步加入。糖、盐或味精要在根茎类泥料炒出水分并在大部分水分都蒸发后加入，以达到成品肥糯甜香或咸鲜适口的要求。

（2）炸制时的调味方法。应用炸制法时，一般是以根茎类泥料为主料，将其制成丸子形或球状，拍上干淀粉或挂上蛋粉糊入油锅中炸制。咸鲜味成菜有八宝土豆丸、炸荔芋球等，这些菜肴都采用烹调前调味，即先将咸鲜味调料调和在泥料中再进行烹制。若制成甜菜，则在炸制装盘后撒上糖粉或红、绿果丝，即采用烹调后调味。

（3）蒸制时的调味方法。应用蒸制法时，一般是以根茎类泥料为主料，加入调料后搅拌上劲，再酿入其他炒制冷却后的泥料做馅心，然后做好造型（如甜山药桃）或扣入碗中（碗底涂猪油，如夹沙扣山药），上笼稍蒸（因都是熟料）取出，最后熬浓糖汁浇上。此类烹制法综合采用烹调前调味和烹调后调味。

七、根茎类泥的炒制

1. 根茎类泥的炒制火候

（1）根茎类制泥原料的性质。要准确控制炒制火候，就要了解根茎类制泥原料的粉质、含水量情况，以及炒制中水的汽化情况。

（2）根茎类泥的炒制火候控制。在炒制根茎类泥的过程中，火候控制是否得当是影响成品成败的一个重要因素。炒制泥料要达到"三不粘"，"三不粘"的首要要求就是不粘锅，而且要自始至终不粘锅。为达到这个要求，一定要做好滑锅的基本功，即旺火上锅，烧热锅，舀入一勺油后倒出，再烧热锅，舀入一勺油，之后再放入泥料。在制作甜香味根茎类泥菜时，在放入泥料后，要改用中火炒去泥料中的水分，加入白砂糖后，用中火炒至白砂糖溶化、泥料增厚即可。

2. 根茎类泥的炒制用油

（1）根茎类泥炒制用油品种。炒制根茎类泥通常使用熟猪油或精制植物油。优质的熟猪油取用板油熬成。精制植物油可用纯净的压榨大豆油或花生油，香而无异味，用以炒制根茎类泥料有增香、增味、增食欲等作用。

（2）根茎类泥炒制用油量。根茎类泥炒制用油量通常约为泥量的1/3（这里的量指重量）。

3. 根茎类泥的炒制方法

根茎类泥的炒制方法同豆类泥的炒制方法。

八、根茎类泥菜制作的关键

1. 选料严谨

要选择优质的根茎类制泥原料。土豆要选冬季出土的、皮薄干净的黄心土豆，芋艿要选呈椭圆形、中等大小、红梗质地的子芋，山药要选优质的怀山药。要注重原料的产地和品种。

2. 采用正确的初步熟处理方法

根茎类制泥原料初步熟处理要做到煮熟或蒸诱，对于不同的根茎类制泥原料，要掌握不同的去皮方法和时机。

3. 刀工处理精细

手工加工制泥时应掌握刀法。无论采用手工加工制泥方法还是机械加工制泥方法，都要使泥料达到细腻的要求，要剔除粗纤维。

4. 准确调味

根茎类泥的调味要准确，要达到甜香可口或咸鲜适口的要求。

5. 合理烹制

烹制根茎类泥时，要调节好火力，掌握炒制时间及糖、油等的比例。

6. 符合"三不粘"

根茎类泥成品要符合"三不粘"要求。

 操作技能

葱油芊芳泥

操作准备

工具准备

（1）塑料砧板1块（长40 cm，宽30 cm，厚3 cm）。

（2）2号批刀1把。

（3）手勺1把（3两勺头）。

（4）刨子1个。

原料准备

主料

芋艿1000 g（洗净）。

调料

精制油150 mL，黄酒10 mL，精盐5 g，味精3 g，葱花5 g，鲜汤20 mL，麻油10 mL。

操作步骤

步骤1　原料初步熟处理

（1）将芋艿刨去外皮，清洗干净。

（2）将芋艿放入碗中，上笼用旺火蒸20分钟左右，取出晾凉。

步骤2　烹制准备

（1）将蒸熟的芋艿置于砧板上，用批刀斜压芋艿，将其逐步压成粗泥，再反复操作两次，如图2-13所示，除去芋艿中的粗纤维，使其成细泥。

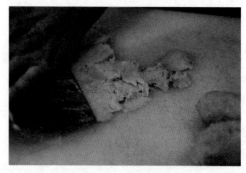

图2-13　斜压芋艿

（2）把芋艿泥放入盘中。

步骤3　烹制

（1）将炒锅洗净，置旺火上烧热，用油滑锅后，留少许油，放入芋艿泥，加鲜汤，改用中火煸炒，加入黄酒、精盐，将手勺底部朝上进行推炒，边炒边沿锅边淋入油，加入味精，继续炒至芋艿泥变稠起沙，撒上葱花，翻两下锅，淋入麻油。

（2）将炒制结束的芋艿泥装盘堆起。

操作关键

　　1. 芋艿要选糯的红梗子芋。

　　2. 将芋艿蒸熟后晾凉制泥时，要除去粗纤维。

　　3. 炒制时要注意滑锅，勿使泥料粘锅，掌握火候（由旺火改中火）。

　　4. 芋艿泥受热会膨胀，鲜汤要先于其他调料放入。

　　5. 煸炒时油要分次加入，不能一次性加得太多或加得太快，否则会出现芋艿泥炒不稠且吐油的现象。

质量指标

1　色泽：绿白相间，光亮。

2　质感：细腻软糯。

3　口味：咸鲜适口。

4　香气：葱香扑鼻。

5　形态：堆装美观。

6　其他："三不粘"。

炒山药泥

操作准备

工具准备

（1）塑料砧板1块（长40 cm，宽30 cm，厚3 cm）。

（2）2号批刀1把。

（3）手勺1把（3两勺头）。

原料准备

主料

山药750 g。

调料

熟猪油150 g，白砂糖150 g，糖桂花10 g，红、绿果丝各少许。

操作步骤

步骤1　原料初步熟处理

（1）将山药去除根须，洗净。

（2）将山药切成长段放入碗中，上笼用旺火蒸20分钟左右取出，待其稍凉后剥去外皮，晾凉。

步骤2　烹制准备

（1）将去皮、晾凉的山药置于砧板上，用批刀斜压山药，将其逐步压成粗泥，如图2-14所示，再反复操作两次后，使其成细泥。

（2）把山药泥放入盘中。

图2-14 压成粗泥

步骤3 烹制

（1）将炒锅洗净，置旺火上烧热，用油滑锅，留余油，放入山药泥，改用中火煸炒，边推炒边沿锅边淋入油，使锅壁保持光滑，炒至山药泥中的大部分水汽化后，加入白砂糖继续推炒，如图2-15所示，待白砂糖溶化后撒上糖桂花，炒至原料变稠、起沙、吐小油泡时即可。

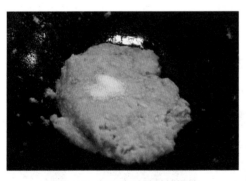

图2-15 加入白砂糖继续推炒

（2）将炒制的山药泥装盘堆起，中间放上红、绿果丝点缀。

操作关键

1. 原料要选圆柱形的、粉足质好的铁棍山药。

2. 泥料要细腻。

3. 炒制时要滑锅，勿使泥料粘锅，掌握火候（由旺火改中火）。

4. 油要分次加入，要适时适量。

5. 炒至泥料中大部分水汽化后再放白砂糖。

6. 白砂糖放入后会在高温下形成糖汁，注意炒至原料变厚增稠即可，不能多炒。

质量指标

1 色泽：白玉色。

2 质感：细腻肥糯。

3 口味：甜香。

4 形态：装盘美观。

5 其他："三不粘"。

任务4

混合类泥菜制作

任务目标

1. 了解混合类制泥原料
2. 能对混合类制泥原料进行鉴别
3. 能对混合类泥进行运用
4. 掌握混合类制泥原料初步熟处理
5. 能正确进行混合类制泥原料刀工处理
6. 能对混合类泥进行正确调味
7. 能对混合类泥进行烹制
8. 掌握混合类泥菜制作的关键

知识准备

一、混合类制泥原料简介

豆类、根茎类、干果类、瓜果类等泥料既可单独作为主料成菜，又可与同类或其他类泥料混合，共同作为主料成菜。

混合类泥菜制作的基本要求是：选择两种以上的泥料进行组合，经过初步加工后，加入所需调料和配料搅拌混合泥料，烹制出特色菜肴，或分别烹制组装成特色菜肴。混合类泥菜要求在营养成分上互补，在颜色上相配，在口味效果上相得益彰。

豆类、根茎类原料制泥技术已经在前两个任务中进行了叙述，下面将对常用于混合类泥菜的核桃、栗子、红枣、莲子和南瓜进行相关介绍。

1. 核桃

核桃（见图2-16）又称胡桃、羌桃等，为胡桃科胡桃属落叶乔木胡桃的果实，以内果皮中形状不规

图2-16 核桃

则的桃仁（称为核桃仁）供食用。核桃呈圆球形或长圆形。其外果皮为肉质；内果皮为木质，大而坚硬，布有凹凸不平的皱痕，核桃仁被木质隔层分为两瓣。

（1）核桃的起源与传播。核桃原产于伊朗，西汉时期传入中国，主产区分布在陕西、山西、云南、河北、河南、甘肃、新疆、辽宁、山东等地，以山西出产的为最佳。在世界范围内，核桃产量居坚果类产量的前列。

（2）核桃的品种。核桃一般分为绵核桃、夹核桃和铁核桃三大类。铁核桃无食用价值；夹核桃出仁率低；市场供应以绵核桃为主，其通常在每年 9—10 月成熟上市，去硬壳后的仁肉为烹饪所用。

（3）核桃的营养与功效。核桃含有大量具有特殊结构的脂类，并含有较多的蛋白质和糖类，对大脑神经有滋养作用，可治神经衰弱。核桃性温味甘，有补肾固精的功效，可治腰痛脚软、阳痿遗精、须发早白等症；能温肺定喘，可治哮喘；有消石利尿的功能，可治尿道结石、小便不利之症；还可润肠通便、消疮肿等。

2. 栗子

栗子（见图 2-17）古称栗果，俗称风栗、毛栗、大栗等，为壳斗科栗属植物栗树的果实，果实为壳斗、球形，内藏 2~3 个坚果。

（1）栗子的起源与传播。栗子原产于中国，广有种植，以黄河流域及其以北山地为多。栗子早就为人类所食用，殷商甲骨文中已有"栗"字，《诗经》中多处提到栗的栽培，《吕氏

图 2-17 栗子

春秋》已将"箕山之栗"列为美果。栗可代粮，被称为"干果之王"，与枣、柿并称为"铁杆庄稼""木本粮食"，并有"一代种，五代享"之说。

（2）栗子的品种。栗子的品种很多，最常见者为板栗，其余几乎都为野生：中心扁者为楔栗，稍小者为山栗，有山栗之圆而末尖者为锥栗，圆小如橡子者为莘栗，小如指顶者为茅栗。世界著名的栽培品种有日本栗、欧洲栗、美国栗等，其果粒较

大，但均不及中国板栗味道甜美。中国板栗在国际市场上有"中国甜栗"之誉。

（3）栗子的营养与功效。栗子性温味甘，可补肾壮腰、强筋健骨，治肾虚所致的腰膝酸软、腿脚不利、小便多等症，同时具有健脾养胃的功效，可治脾胃虚寒引起的慢性泄泻。栗子含有的不饱和脂肪酸和多种维生素对治疗高血压、冠心病、动脉硬化等疾病有一定的作用。

3. 红枣

红枣（见图 2-18）俗称枣子，又称大枣、良枣、美枣等，为鼠李科枣属落叶乔木枣树的果实，鲜嫩时呈黄绿色，成熟后为紫红色或大红色。

图 2-18　红枣

（1）红枣的起源与传播。红枣原产于中国，是我国特有的果树，有悠久的栽培历史。公元 1 世纪，中国枣传入地中海沿岸和欧洲，19 世纪由欧洲传入北美洲，但只有中国盛行将其作为果树进行大量栽培，全国大部分地区都有生产，主产于黄河流域的河北、河南、山西、陕西、甘肃，以及山东、四川、新疆等地。

（2）红枣的品种。中国枣有 500 多个品种，一般按枣树生长的地理位置分为北枣和南枣两大类。

1）北枣。北枣主要分布在淮河和秦岭以北，含糖量高，含水量低，多用于晒制干枣，其产量占全国总产量的 90% 以上，主要品种有山东和河北的金丝小枣、无核枣、圆铃枣，河南的灰枣、灵宝圆枣，山西的相枣、板枣，新疆的骏枣等。

2）南枣。南枣含糖量低，含水量高，多用于加工成蜜枣，主要品种有安徽、四川、贵州的南枣等。鲜枣在 8—9 月份成熟上市，可鲜食。

（3）红枣的营养与功效。红枣性温味甘，有健脾益胃的作用，可用于治疗脾胃虚损所致的神疲乏力等症；有益气生津的功能，可用于治疗心烦失眠、口干少津等症，还有治疗贫血、血小板减少症、白细胞减少症的作用。食枣可提高人体免疫力，降低血清胆固醇，增加血清总蛋白及人血白蛋白，具有抗衰老的作用。

4.莲子

莲子（见图 2-19）又称藕实、莲蓬子等，为睡莲科莲属水生草本植物莲的果实。果实呈椭圆形或卵形，长 1.5~2.5 cm，果皮内有一枚种子，可供食用。

（1）莲子的起源与传播。莲子原产于中国和印度东部。北魏《齐民要术》中记载有莲子的种法。莲自生或栽培于池塘、湖泊边沿浅塘中，在我

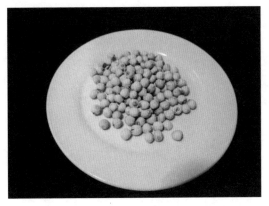

图 2-19　莲子

国大部分地区均有分布，现长江中下游地区和广东、福建等都有栽培，湖南、湖北、江西、福建等南方省份为主产区。

（2）莲子的品种。莲子通常在大暑到冬至期间陆续成熟上市。大暑前后采收的莲子称为伏莲，也称夏莲；立秋后采收的莲子称为秋莲。按照栽种地和种植法的不同，莲分为家莲、湖莲、田莲三种。家莲植于池塘中，湖莲植于湖沼中，田莲植于水田中。有名的莲子品种有湘莲、白莲、红莲、冬瓜莲、通心莲等。

（3）莲子的营养与功效。莲子性涩而平，味甘，能健脾固涩，可用以治疗脾虚泄泻；能养心安神，可治疗失眠、心悸不安；能补肾固涩。因此，莲子也是常用的药材。

5.南瓜

南瓜（见图 2-20）又称番瓜、倭瓜、窝瓜、金冬瓜等，为瓜类烹饪原料，是葫芦科南瓜属一年生同名草本植物南瓜的果实。

（1）南瓜的起源与传播。南瓜起源于中美洲、南美洲，16 世纪传入欧

图 2-20　南瓜

洲，后传入亚洲。现南瓜在世界各地均有栽培，其中以亚洲栽培面积为最大，主要分布在中国、印度、马来西亚、日本等地。中国明代的《本草纲目》已有栽培南瓜的记载，现全国各地都有栽培，7月下旬开始分期、分批采收上市，是夏、秋季节的主要蔬菜之一。

（2）南瓜的品种。南瓜按形状分为圆南瓜和长南瓜两个变种。

1）圆南瓜。圆南瓜呈扁圆形或圆形，表面多有纵沟或瘤状突起，为深绿色，有黄色斑纹，名品有湖北柿饼南瓜、甘肃磨盘南瓜、广东盒瓜、台湾木瓜形南瓜等。

2）长南瓜。长南瓜呈长圆形，头部膨大，果皮为绿色或黄色，名品有山东长南瓜、浙江十姐妹南瓜、江苏牛腿番瓜等。

（3）南瓜的营养与功效。南瓜性温味甘，有补中益气、消炎止痛、解毒杀虫等功效，可治气虚乏力、肋间神经痛、疟疾、痢疾等，并可治烫火伤。医学研究证实，南瓜可有效预防和治疗糖尿病、高血压以及一些肝脏疾病。南瓜还含有钴，其有补血作用。

二、混合类制泥原料的鉴别

1. 核桃的鉴别

（1）优质核桃。色黄、壳薄、个大圆整、肉饱满、出仁率高、含油量大的绵核桃为优质核桃。优良品种有光皮绵核桃、隔年核桃、露仁核桃、麻皮绵核桃、薄皮核桃、薄壳山核桃等。

（2）劣质核桃。色灰白、壳厚、个小不圆整、肉不饱满、出仁率低、含油量少的夹核桃或铁核桃为劣质核桃。

2. 栗子的鉴别

（1）优质栗子。色深、皮薄、粒大、肉细而紧密、水分少、味甜、较耐储藏、霜降后上市的冷水栗为优质栗子。我国有许多特产的良种栗子，如天津的甘栗，江苏的邳州板栗，山东的金丰板栗、泰安板栗、郯城油栗，广东的龙门地派板栗，浙江的上虞板栗、兰溪板栗、萧山板栗，福建的建瓯白露栗，广西的阳朔油栗，贵州的镇远大板栗等。

（2）劣质栗子。在霜降前成熟上市的栗子称为热水栗，其中色浅、质松、味淡、含水量多、不耐储藏的栗子为劣质栗子。皮厚、肉质不甜、有僵块、松软的冷水栗也为劣质栗子。

3. 红枣的鉴别

（1）优质红枣。色红、有光泽、肉厚、饱满、核小、味甜者为优质红枣。有名的红枣品种有河北沧州的金丝小枣、山东乐陵的无核小枣、河南新郑的大枣和新疆的大枣等。

（2）劣质红枣。色泽暗淡、瘦瘪、核大、表皮有黑色条斑、味不甜者为劣质红枣。

4. 莲子的鉴别

（1）优质莲子。粒大、饱满、壳薄、肉厚、粉足、胀性好、入口软糯、大暑前后采收的夏莲为优质莲子。质地白嫩香甜的家莲，果实小、味较浓的湖莲，莲肉壮实的田莲质量都较好。

（2）劣质莲子。粒细而瘦、壳厚、肉薄、胀性差、入口粳硬、立秋后采收的秋莲为劣质莲子。隔年时久而有虫蛀现象的陈年莲子也是劣质莲子。

5. 南瓜的鉴别

（1）优质南瓜。表皮腊霜完整，瓜体饱满，皮薄肉厚，组织紧密，味清香，风味甜美，籽粒大小均匀饱满，无机械损伤，无虫蛀瘢痕者为优质南瓜。

（2）劣质南瓜。表皮腊霜脱落，瓜体不够硬实，籽粒瘦瘪、大小不均，有机械损伤或虫蛀瘢痕，有腐烂空洞者为劣质南瓜。

三、混合类泥的运用

应根据豆类、根茎类、干果类和瓜果类泥料的营养和特性进行混合制泥，以在色泽、香味、形态、口味和质感等方面比单一泥料更具特色，增加营养价值。

常用的混合类泥可分为同类型混合泥和异类型混合泥两大类。

1. 同类型混合泥

（1）豆类混合泥。进行豆类泥料混合时，应根据豆类富含蛋白质、糖类，大多性平味甘的特点，以及色彩的差别（如青豆泥为翠绿色，绿豆泥和蚕豆泥为湖绿色，赤豆泥为紫红色）进行混合搭配。相关菜点有太极双泥、豆沙绿豆糕、双色烩豆蓉等。

（2）根茎类混合泥。进行根茎类泥料混合时，应根据根茎类原料含有大量淀粉、蛋白质、维生素、无机盐与少量脂肪，性平味甘的特点，以及食疗特性进行混合搭配。红色的胡萝卜与其他白色原料搭配能使菜肴色彩相互衬托。根茎类混合泥可用于制甜菜，也可用于制成咸鲜味菜肴，相关菜点有炒珊瑚泥、炒素蟹粉等。

（3）干果类混合泥。干果类泥料富含蛋白质、糖类、维生素、无机盐，多性温味甘，具有滋补作用，特别是红枣，其含糖量很高，因此干果类混合泥以突出口味香甜为特色。此类混合泥都用于制作甜菜，如京味名菜香枣核桃酪、枣泥核桃雪蛤等。

2. 异类型混合泥

（1）豆类与根茎类混合泥。豆类泥料蛋白质含量高，根茎类泥料淀粉含量高、起沙性好，两类泥料合制质感软糯，营养价值可观。相关菜点有山药青豆双泥等。

（2）豆类与干果类混合泥。豆类含有蛋白质、淀粉、维生素、无机盐等营养成分，干果类含糖量高，两类泥料合制质感异常软糯，口感浓甜，香气四溢。相关菜点有枣泥豆沙等。

（3）干果类与根茎类混合泥。我国南宋的《山家清供》中就记载了用栗子和山药合制的金玉羹。此类混合泥历史悠久，其特点是将干果类的香甜与根茎类的高淀粉含量特点融合，形成软糯、香甜的菜点特色。

（4）豆类与瓜果类混合泥。豆类富含蛋白质与淀粉，瓜果类含多种维生素与无机盐，两者混合使黏性增强，并使菜点更具香甜软糯的风味。相关菜点有豆沙南瓜酥等。

（5）多类混合泥。多类混合泥是将三种类型的植物性泥料混合在一起。例如，桃形三色泥就是用山楂泥、蚕豆泥、南瓜泥三种泥料制成的。又如，成都名小吃古月胡三合泥就是将黑豆、芝麻、大枣、糯米等磨成极细的粉，掺入沸水搅拌为糊状，入锅加糖、油和配料炒制而成。

四、混合类制泥原料初步熟处理

1. 核桃制泥初步熟处理

将核桃仁用开水浸泡后，剥去其皮衣，然后用油将其炸成金黄色，使其油润香脆，捞出后晾凉。

2. 栗子制泥初步熟处理

将栗子逐个切开一个小口，入冷水锅烧开，离火晾凉后捞出，去壳，去皮衣，将栗子肉盛入碗内，向碗内加适量清水上笼蒸至酥软，取出晾凉。

3. 红枣制泥初步熟处理

将红枣用刀拍裂，去核，清水洗净后泡1小时左右（冬季可用温水），捞出，放入碗中上笼蒸烂，取出晾凉。

4. 莲子制泥初步熟处理

将莲子放入锅内，用食碱水拌匀，浸泡约10分钟，加入开水，用刷子将皮刷掉，换清水，将莲子洗成白色。用牙签或细竹棍捅出莲子心，再用温水浸泡30分钟左右，使莲子涨发。将莲子放入碗内，上笼大火蒸至烂透，取出晾凉。

5. 南瓜制泥初步熟处理

将南瓜去皮、去瓤，洗净，切成薄片。将锅置火上，用少许油将南瓜薄片炒一下，取出晾凉。

五、混合类制泥原料刀工处理

1. 核桃制泥刀工处理

在制作混合泥时，通常将核桃仁剁成碎末，与红枣碎末、粳米、清水一起磨成极稠的核桃浆备用。

2. 栗子制泥刀工处理

将熟栗子肉放于砧板上，用批刀将其压成泥状备用。

3. 红枣制泥刀工处理

将晾凉的红枣放入网筛内搓擦，去皮成泥待用。

4. 莲子制泥刀工处理

将晾凉的莲子放入网筛内搓擦成泥待用。

5. 南瓜制泥刀工处理

将南瓜片置于砧板上，用刀背将其排剁成泥待用。

六、混合类泥的调味

混合类泥可调味为甜香味和咸鲜味两大类。

1. 混合类泥的调味原则

（1）甜香味混合类泥菜的调味原则。甜香味混合类泥菜的调料以白砂糖为基础，以甜味为主味，有时为了突出甜菜的香甜风味和亮丽色彩，还选用一些辅助调料，以衬托主味。这些辅助调料分为以下几种。

1）腌制的鲜花，如糖桂花、糖玫瑰花，或桂花汁、玫瑰卤等，其天然的色、香、味能为甜菜增添风味。

2）蜜饯和水果的再制品，如红、绿果丝，红、绿樱桃，椰丝、椰蓉等，有的取色，有的取味。

3）鲜果汁，如柠檬汁、橙汁、西瓜汁、椰子汁等。

4）彩色巧克力粒，用来助甜增色。

（2）咸鲜味混合类泥菜的调味原则。咸鲜味混合类泥菜的调料以盐为主。咸鲜味比较适合有根茎类泥料、淀粉含量高的混合泥，要注意用鲜汤调味，配以味精提鲜，使菜肴达到质地软糯爽口、味道咸鲜适口的要求。

2. 混合类泥的调味方法

（1）甜香味混合类泥菜的调味方法。甜香味混合类泥菜的调味方法有以下两种。

1）将两种或三种泥料分别加糖或辅料烹制，装盘合而为一，此类菜点有太极双泥、豆沙南瓜酥等。

2）将两种泥料混合一起入锅，加糖烹制而成，此类菜点有赤豆枣泥、香枣核桃泥、核桃酪等。

（2）咸鲜味混合类泥菜的调味方法。咸鲜味混合类泥菜的调味方法有以下两种。

1）将两种或三种泥料分别用鲜汤稀释，并分别烩制，放入盐、鲜汤、味精并勾芡后使泥增稠，轻轻按下层、中层、上层的顺序装入透明玻璃盆内，每层色彩分明、均匀一致，此类菜点有烩三色瓜泥等。

2）将两种泥料混合一起烹制，此类菜点有仿荤菜肴炒素蟹粉，其在烹制中加入咸鲜调味品和姜米、香醋，使人们在素食中尝到类似蟹粉的味道。

七、混合类泥的烹制

混合类泥的烹制方法归纳起来有炒制法、炸制法、烩制法、蒸制法和冻制法等。

1. 炒制法

炒是在中式烹调中使用较广、变化较多的一种烹调技法，实际操作中有滑炒、生炒、爆炒、干炒、水炒、熟炒等之分。因为混合类制泥原料都经过初步熟处理，所以其炒制方法都属于熟炒。

混合类泥料入锅前，要先将炒锅洗净烧热，用油滑锅后留余油，将泥料入锅后，边炒边加适量油，使油渗入泥料，使水分蒸发，逐步使原料烫口、润滑、光亮，使白糖加热后快速溶化。每次加油不能过多，以防泥料吐油，影响形态。油量约为泥料量的 1/3（这里的量指重量）。

炒制甜香味或咸鲜味混合类泥菜时，要掌握好火候。滑锅时用大火，炒制时用中火，以防炒焦、粘锅、粘勺。用火时间要依据原料吃油、出水、调味和成形的进程来掌握，大部分混合类泥炒制以略吐油泡、堆起不塌、色泽光亮、香气扑鼻为好。

用炒制法烹制的混合类泥制菜点有炒素蟹粉、太极双泥、炒珊瑚泥、金盏南瓜泥等。

2. 炸制法

炸是我国烹调方法中的一种重要技法，以旺火、大油量为主要特点。炸制时必须有足够的油量将原料淹没，炸制的成品有香、酥、松、脆、嫩等特点。常用的炸制法有清炸、干炸、酥炸、软炸、卷包炸、香炸等。因为混合类泥料都是精细净料，所以其炸制方法都属于软炸。

软炸是将小型原料调味后再挂糊入锅炸制的方法，其成品特点是外松软、内鲜嫩，常用的糊是全蛋糊和蛋泡糊。全蛋糊利用鸡蛋的松软特性，使成品外层脆而松软，里面保持原味。蛋泡糊是将鸡蛋清抽打成无数的蛋泡，堆积后加干淀粉搅拌而成，原料挂蛋泡糊油炸后，成品外部洁白光滑、膨松绵软，内部新鲜柔嫩。

炸制主要分初炸和复炸两个步骤。初炸是将原料挂糊后逐一下入油锅，待原料外层逐渐硬结后捞出；复炸是将原料捞出后重新升高油温，将原料再次入锅，炸至外层略脆、里面熟嫩时出锅。无论是进行初炸还是进行复炸，都要善于鉴别火力大小，控制油温高低，还要时刻关注原料外形、色泽的变化，操作要利落，判断要准确，要选择原料的最佳出锅时机，使成品达到良好的质量效果。

用炸制法烹制的混合类泥制菜点有夹沙香蕉、夹沙苹果、松仁豆沙卷、核桃枣泥卷等。

3. 烩制法

烩是将小型或较细碎的原料入水，经短时间加热烧沸后勾芡，使成品成为半汤半菜的烹调方法。

干果类制泥原料（如栗子、花生、核桃、红枣、杏仁等）常用于烩制甜菜。烩制时，汤菜各半，在处理好汤与菜之间的比例的基础上，还需注意汤汁本身的组成比例，即成品汤水与芡汁之间的比例，其重点在勾芡。勾芡的目的是使汤汁稠厚，原料不至于沉在汤底，从而突出主料、增进美味。

实际操作时，火要旺，放入泥料烧开后再加入糖，汤水要沸腾，倒入芡汁后要迅速搅和，使淀粉迅速充分地糊化，而不至于产生结团、粘锅的现象，要保证汤宽汁厚、滑润爽口。

用烩制法烹制的混合类泥制菜点有双色烩豆泥、香枣核桃酪等。

> ■ 不同品种淀粉的性能不尽相同。中式烹调师要了解不同品种淀粉的性能，以正确地烹饪。炒菜、烧菜、熘菜时，勾芡适合使用小麦淀粉或玉米淀粉；烩菜时，勾芡则适合使用黏性超强的荷兰风车粉（即荷兰土豆精淀粉）。

4. 蒸制法

蒸是以水蒸气为传热介质，用中、大火加热，使原料成熟的烹调方法，是我国古老的烹调技法之一。蒸制法具有原味不变、原形不改、原汁不走、原料不失的特点。

使用蒸制法制作混合类泥制菜点时，通常要事先将两种或三种泥料进行拌制或炒制调味。甜菜除以白糖为主要调味品外，有的还用冰糖作为主要调味品，有的会加蜂蜜增进风味，有的会加桂花、玫瑰、蜜饯等香料或甜料。

运用蒸制法时，常以扣入碗中的方式做造型。扣制前，泥料的调味要准确，碗中要抹一些熟猪油，以防粘底。由于此类菜肴制作使用的都是熟料，因此蒸制时间不用太长，可以用中火蒸。为防止原料产生气洞，在后期可"放气蒸"，即故意留出部分空隙，以降低笼内的水蒸气饱和度和温度。

混合类泥制菜点经蒸制后，有的出笼后直接上席，有的扣入盘内，再用浓缩甜汁浇于其上，体现菜点的风味特色。用蒸制法烹制的混合类泥制菜点有夹沙山药泥、枣泥藕夹等。

5. 冻制法

冻制是利用成熟原料生成胶汁汤液，或在原汤中加入胶质原料，再将其冷却后凝结成冻的方法。冻制法多用于冷盘制作，也适用于甜菜制作。冻菜汤汁清澈见底，凝固后透明光洁，故又称"水晶菜"。冻制成品软嫩滑韧、清利适口、入口即化，特别适宜夏季。

冻制法使用的胶质原料主要为明胶和琼脂。肉皮中的明胶含量较多，其制成的冻菜有一定的硬度，口感极佳，如水晶白银鸭等。琼脂也称琼胶、冻粉、洋菜，是从红藻类的石花菜、麒麟菜等中提取（经水煮）的胶质，再经冻结、脱水、干燥而成，其成品有条、片、粒、粉、块等形态，以质地柔韧、色泽光亮、干燥质轻、洁白、无异味、无杂质为佳。

混合类泥料（或单一泥料）的冻制都取用琼脂为胶质原料。操作时，将经初步熟处理和刀工处理的植物性泥料直接放入琼脂溶液中，加入白糖等调料，待冷却后将其放入熟食冰箱，冻结后即可食用。

要做好冻制泥类甜菜，首先要做好操作卫生工作，锅、勺、盆等要洁净。而做好冻制泥类甜菜的关键是要掌握胶汁熬制和配比。熬制火力以小火为宜，琼脂要熬至化透。冻制泥类甜菜的口味不宜浓厚，以清淡为主，白糖的投放量要适中。部分冻制品需要有色彩图案，应以成品原料本身的天然色彩为主，不要使用化学色素添加剂。

用冻制法烹制的混合类泥制菜点有双色豌豆冻、山药绿豆糕等。

八、混合类泥菜制作的关键

1. 选料严谨

选择优质的两种或三种植物性原料。

2. 科学搭配

熟悉原料的特性和营养，科学地进行混合搭配。

3. 采用正确的初步熟处理方法

正确把握混合类制泥原料的初步熟处理方法。

4. 掌握出泥方法和出泥率

掌握好初步熟处理后各类制泥原料的出泥方法和出泥率。

5. 准确调味

掌握混合类泥的调味方法。

6. 合理烹制

熟悉并掌握各种烹制方法，正确掌握好火候。

 操作技能

炒素蟹粉

操作准备

工具准备

（1）塑料砧板 1 块（长 40 cm，宽 30 cm，厚 3 cm）。

（2）2 号批刀 1 把。

（3）手勺 1 把（3 两勺头）。

（4）竹筷 1 双。

原料准备

主料

土豆 2 个（300 g 左右），胡萝卜 1 根（300 g 左右）。

辅料

熟冬笋 5 g，水发香菇 30 g。

调料

精盐 5 g，姜米 1 g，黄酒 6 mL，白砂糖 2 g，香醋 7.5 mL，味精 1.5 g，精制油 140 mL。

操作步骤

步骤 1　主料初步熟处理

将土豆与胡萝卜去皮洗净，放锅内加水煮熟后，取出晾凉。

步骤 2　原料刀工处理

（1）将胡萝卜切段。把土豆、胡萝卜分别置于砧板上，用批刀斜压成土豆泥和胡萝卜泥，取用土豆泥 200 g、胡萝卜泥 100 g。

（2）将水发香菇及熟冬笋分别切成火柴梗丝。

步骤 3　烹制准备

将土豆泥 200 g、胡萝卜泥 100 g 放在一起，加入香菇丝、熟冬笋丝和姜米，如图 2-21 所示，一起拌和均匀。

图 2-21　拌和原料

步骤 4　烹制

（1）将炒锅置火上，烧热后用油滑锅，再下入油，烧至七成热时，放入拌和好的原料，加入精盐、白砂糖、味精煸炒 1 分钟左右，待出黄油时，淋上黄酒、香醋拌和，翻锅，如图 2-22 所示。

（2）出锅堆装入盘即成。

图 2-22　炒制素蟹粉

质量指标

1　色泽：红黄相间，出黄油。

2　质感：软、滑、糯、爽。

3　口味：咸鲜中略带姜味，有炒蟹粉的味道。

4　形态：似炒蟹粉。

操作关键

1. 将土豆与胡萝卜进行初步熟处理时要煮熟，不能有生的部分。

2. 胡萝卜的颜色要鲜艳似蟹黄，熟冬笋丝的颜色要似蟹柳肉，黑色的香菇仿蟹黄和蟹脚肉上的黑色部分。

3. 刀工处理时，压泥要细致，使炒时容易起沙。

4. 炒制前要滑锅，防止原料粘锅。

5. 原料下锅后要煸炒均匀，要炒出黄油（仿蟹黄油）。

6. 调料中的黄酒和香醋要最后放入，以突出素蟹粉仿真的口味。

太极双泥

操作准备

工具准备	原料准备

工具准备

（1）塑料砧板1块（长40 cm，宽30 cm，厚3 cm）。

（2）网筛1个。

（3）手勺1把（3两勺头）。

（4）调羹1只。

（5）白布袋1个。

原料准备

主料

青豆500 g，赤豆250 g。

辅料

椰蓉15 g，糖桂花10 g。

调料

白砂糖400 g，熟猪油250 g，食碱2 g。

操作步骤

步骤1　主料初步熟处理

（1）将青豆洗净，入沸水锅煮，加少许食碱，用中火煮至其酥软、脱壳，捞出，用冷水浸漂冷却，沥水。

（2）将赤豆浸泡一昼夜，捞出放入冷水锅加热，烧开后转用小火，烧至赤豆酥烂，捞出，待冷却。

步骤2　烹制准备

（1）将熟青豆放入网筛中，下面置一盆，用调羹反复搓擦熟青豆，将流出的青豆泥汁装入白布袋中，收紧袋口，挤去水分备用。

（2）将熟赤豆放入网筛中，下面置一大盆，边向网筛中加水边用调羹反复搓擦熟赤豆，待盆内的赤豆沙沉淀后，滗去表面的水，将其装入白布袋中，收紧袋口，挤去水分备用。

步骤3　烹制

（1）将炒锅洗净，置旺火上烧热，滑锅后留余油，放入青豆泥，改中火进行炒制，边炒边加油，炒至大部分水汽化时，加入白砂糖、椰蓉再炒匀入味，出锅装于盘子的半边，塑形成太极形状的一半。

（2）另起锅炒赤豆泥，炒至其翻沙，加白砂糖、油再炒，最后撒上糖桂花拌匀，出锅装于盘子的另外半边，塑形成太极形状的另一半。

（3）取赤豆泥点放在青豆泥上，使其呈圆形；取青豆泥点放在赤豆泥上，使其呈圆形，即形成太极双泥。

操作关键

1.煮青豆的过程中要加些食碱，以使青豆易酥软。

2.赤豆要浸泡一昼夜，否则不容易煮酥烂。

3.选择制泥原料时，要注意色彩对比和反衬。

4.搓擦出泥汁后，要放入白布袋中挤去水分。

5.炒制前要滑锅，以防止原料粘锅。

6.掌控火力，由旺火转中火。

7.逐步加油，反复推炒。

8.放白砂糖后，白砂糖溶化、泥料增稠时即可出锅。

质量
指标

1　色彩：
鲜艳，双
色分明。

2　形态：
呈太极形，
对称。

3　口味：
甜香。

4　质感：
肥、软、糯、
爽。

5　其他：
"三不粘"。

练习与检测

一、判断题（将判断结果填入括号中，正确的填"√"，错误的填"×"）

1. 青豆、土豆、南瓜、胡萝卜之所以适合制泥，是因为这些植物性原料淀粉含量极高。　　　　　　　　　　　　　　　　　　　　　（　　　）

2. 马铃薯又称土豆，有芽眼，皮有红色、黄色、白色、紫色，肉有白色、黄色，淀粉含量较多，为脆质或粉质。　　　　　　　　　　　　　（　　　）

二、单项选择题（选择一个正确的答案，将相应的字母填入题内的括号中）

1. 制泥植物性原料的基本要求是（　　　）。

A. 质地坚实、无筋　　　　　B. 松软、有筋

C. 淀粉含量低　　　　　　　D. 质地细软、无筋、淀粉含量高

2. 豆荚饱满，硬荚壳青翠而有光泽，豆粒大而均匀，无焦黄腐败，有特有的清香气的青豆是（　　　）。

A. 优质青豆　　　B. 次质青豆　　C. 劣质青豆　　D. 冰鲜青豆

三、多项选择题（选择两个或两个以上正确的答案，将相应的字母填入题内的括号中）

1. 泥较利于菜品的造型、点缀，并能缩短烹调时间，是因为（　　　）。

A. 可塑性强　　　B. 黏性大　　　C. 便于食用　　D. 易于成熟

E. 应用范围广

2. 劣质青豆的特点是（　　　）。

A. 豆荚萎瘪　　　　　　　　B. 豆粒大小不均，黄粒多

C. 焦黄、腐败　　　　　　　D. 有虫蛀现象

E. 有清香

参考答案

一、判断题

1. × 2. √

二、单项选择题

1. D 2. A

三、多项选择题

1. ABD 2. ABCD

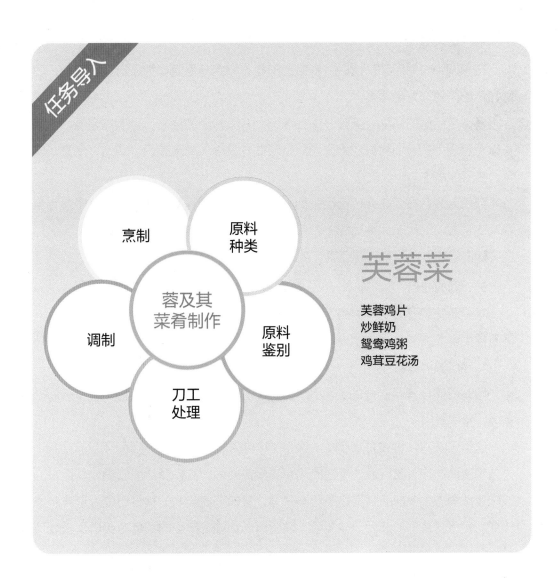

任务 1

制蓉基础

 任务目标

1. 了解蓉的概念
2. 熟悉蓉的应用
3. 掌握蓉的特点

 知识准备

一、蓉的概念

在烹调中，借用芙蓉洁白、鲜嫩的形象，取用鸡蛋清作为原料体现色白、质嫩特色的菜肴称为芙蓉菜。

蓉，是芙蓉的简称。芙蓉一词在烹饪中有其特定的含义，可指鸡蛋清，也泛指以鸡蛋清为主、辅料做成的质地鲜嫩洁白的菜肴，寓意美好、纯洁、高雅、素淡、幽芬的品性。

芙蓉入馔名最迟在元代已经开始，元代忽思慧撰写的《饮膳正要》中就有芙蓉鸡的记载。明代宋诩编写的《宋氏养生部》中有芙蓉蟹的记载。清代袁枚撰写的《随园食单》中记有芙蓉豆腐、芙蓉肉的烹调方法。

二、蓉的应用

鸡蛋清在芙蓉菜制作中的不同用法形成了芙蓉菜的多种形式，大致可分为以下五种类型。

1. 鸡蛋清拌辅料

用鸡蛋清拌辅料制成的芙蓉菜，其辅料多为鲜嫩无骨的鸡里脊肉、鸡脯肉、鱼肉、猪里脊肉等。

这类菜肴有多种做法。例如，先将辅料制成茸，再调成薄茸，和入淀粉等，再与鸡蛋清拌和，随后通过滑油使鸡蛋清受热凝固，淀粉受热膨胀糊化，原来的液态变成固态，典型的菜肴是芙蓉鸡片等。又如，将鲜嫩的辅料切成片形或制成球形，上蛋清浆，滑油后，与芙蓉（鸡蛋清）合炒，典型的菜肴有芙蓉里脊、芙

蓉鱼片、芙蓉明虾球等。

2. 鸡蛋清蒸熟作配料

向鸡蛋清中掺入鸡汤，用竹筷打散后去掉上浮泡沫，将其放入汤盆中，上笼逐渐加热将其蒸成蛋清饼，再在饼面上做梅、兰、竹、菊等图案。将蛋清饼置于蒸制好的主料上，彰显芙蓉辅料洁白、鲜嫩、清丽的特色。典型的菜肴有芙蓉鸽松、芙蓉红松鸡、芙蓉海底松、推纱望月等。

3. 鸡蛋清打发作配料

利用打发的鸡蛋清做成的菜肴大多被冠以"雪""雪花"之名，如雪花蹄筋、雪花鱼肚、雪里藏蛟、白雪鸡、雪塔银耳等，此外还有芙蓉膏蟹、鸡茸豆花汤等。这类芙蓉菜是将打发的鸡蛋清（或加入茸料的芙蓉蛋泡嫩茸胶／浆）在主料烹制成熟时冲入拌匀而制成，具有松软白嫩、鲜艳亮丽的特点。

4. 鸡蛋清打发作高丽糊配料

将鸡蛋清打发起蛋泡后，拌入适量干淀粉，增加其黏性和"骨子"（经炸制后，表面有层硬壳，不瘪塌），就成了蛋泡糊，行业内称"高丽糊"。用高丽糊作配料的芙蓉菜有银鼠鱼条、高丽鸡条、香炸云雾、芙蓉蟹斗等，这类芙蓉菜一般通过炸、炒、蒸、氽等方法完成烹制。

5. 取熟鸡蛋的蛋白作辅料

将煮熟鸡蛋去壳后，顺长对切成四片，去蛋黄后，用批刀将蛋白批成橄榄形的薄片，用清水将其轻漂干净，这样形成的蛋白片在行业内称为"春白"。"春白"一般用作辅料，最后放在烩菜的上面，突出芙蓉菜洁白的特点，又与其他颜色相映生辉。相关芙蓉菜有春白烩鲍片、春白烩海参等。

■ 在很长一段时间内，茸、泥、蓉的内涵混淆不清，饮食行业对此没有形成统一规范的定义，导致茸、蓉、泥混用。由于客观上一些植物性制泥原料有芙蓉色白、细嫩的性质，因此至今在某些地区，泥、蓉仍混用。例如，在广东地区已形成把泥称为蓉的传统，这些泥料以作为糕点的馅料为主，如椰蓉、豆蓉、莲蓉、栗子蓉、南瓜蓉、冬瓜蓉、百合蓉、蒜蓉等。随着烹饪理论的不断进步与完善，茸、泥、蓉三者的概念将会进一步被厘清。

三、蓉的特点

芙蓉菜取用鸡蛋清作为原料来体现菜肴特色，而鸡蛋清主要由蛋白质组成，含有八种人体必需氨基酸且比例恰当。鸡蛋清的蛋白质主要具有以下特点。

1. 胶体性质

鸡蛋清中的蛋白质分子量很大，对水的亲和力也很大，性质比较稳定。其溶液的黏度较大，并随着分子量的增加而增加，形成的蛋白质溶胶有很强的吸附能力，从而发生胶凝作用，形成凝胶。其蛋白质凝胶呈半固体状态，有一定的黏性、弹性和韧性。溶胶与凝胶在酶、氧气、温度、酸度等因素影响下可以相互转化。

2. 热变性

蛋白质受热或经其他处理后，其物理性质和化学性质会发生变化，这个过程称为蛋白质的变性。蛋白质在加热时发生的变性称为热变性。一般情况下，蛋白质热变性在45~50℃时就能初步察觉到；在55℃时会进行得比较快，蛋白质开始凝固。

原料质地、大小不同，蛋白质热变性的速度也不同，因此需要采取不同的烹饪方法，巧妙、恰当地控制火候，使成品质量符合要求。加热能够杀菌是因为细菌的主要成分也是蛋白质，加热可使之凝固，从而失去活性。

3. 遇盐沉淀

蛋白质从溶液中析出的现象称为蛋白质的沉淀。鸡蛋的蛋白质溶液通常比较稳定，但在加入大量的中性盐类后，蛋白质的水化层被破坏，蛋白质相互凝结而沉淀下来。

4. 高温分解

蛋白质在高温下变性后容易发生分解，形成具有一定风味的物质，但过度加热可使蛋白质分解成有害物质，如氨甲基衍生物，该物质具有强烈的致癌性，因此烧焦的蛋白质不能食用。

■ 蛋白质还会在细菌的作用下分解，发出强烈的臭味。

任务 2

芙蓉菜制作

 任务目标

1. 了解芙蓉菜原料
2. 能对芙蓉菜原料进行鉴别
3. 能正确进行芙蓉菜原料刀工处理
4. 能对芙蓉菜原料进行正确调制
5. 能正确掌握芙蓉菜的烹制方法
6. 能掌握芙蓉菜制作的关键

 知识准备

一、芙蓉菜原料简介

制作芙蓉菜首先要确保原料质量，即原料要白嫩、新鲜。中式烹调师应熟悉芙蓉菜原料中的鸡蛋、茸料和淀粉，掌握其性质与应用。

1. 鸡蛋

（1）鸡蛋的结构。鸡蛋由鸡蛋壳、鸡蛋清和鸡蛋黄三部分组成，鸡蛋壳重量约占鸡蛋重量的 11%，鸡蛋清重量约占鸡蛋重量的 58%，鸡蛋黄重量约占鸡蛋重量的 31%。

1）鸡蛋壳。鸡蛋壳主要由外蛋壳膜、石灰质蛋壳、内蛋壳膜和蛋白膜构成。外蛋壳膜覆盖在鸡蛋的最外层，是一种透明的水溶性黏蛋白，能防止微生物侵入和鸡蛋内水分蒸发。外蛋壳膜如遇水、遇摩擦或置于潮湿环境中等均可脱落，从而失去保护作用。

鸡蛋壳表面常呈现不同的颜色，如白色、色泽深浅不等的黄色和褐色，这与鸡的品种有关。颜色越深，表明鸡蛋壳越厚。鸡蛋壳上有许多微小的气孔，这些气孔是造成鸡蛋变质的重要因素之一。

2）鸡蛋清。鸡蛋清也称鸡蛋白，位于鸡蛋壳与鸡蛋黄之间，是制作芙蓉菜的主要原料。鸡蛋清是一种无色、透明、黏稠的半流动体。在鸡蛋清的两端分别有一条粗浓的带状物称为"系带"，起牵拉固定鸡蛋黄的作用。

3）鸡蛋黄。鸡蛋黄通常位于鸡蛋的中心，呈球形，其外周由一层结构致密的蛋黄膜包裹，以保护蛋黄液不向蛋清中扩散。新鲜鸡蛋的蛋黄膜具有弹性，随着时间的推移，这种弹性会逐渐消失，从而形成散黄。

（2）鸡蛋清的性质。鸡蛋为鸡的卵，也称鸡卵、鸡子。鸡蛋清是芙蓉菜中必用的原料，其蛋白质的含量、种类、组成结构是食物中较理想的，含有所有的必需氨基酸，并含有各种维生素、无机盐等。脂肪集中在鸡蛋黄中，鸡蛋清中几乎没有脂肪。

鸡蛋清是一种典型的胶体物质，稀稠不一，靠近鸡蛋黄的部分较浓稠，越向外则越稀薄，大致可分为稀蛋白层和浓蛋白层。鸡蛋清中浓蛋白的含量是衡量鸡蛋质量的重要指标之一。浓蛋白含量高的鸡蛋质量好，且耐储藏。新鲜鸡蛋的浓蛋白含量较多，陈鸡蛋的稀蛋白含量较多。

2. 茸料

芙蓉菜除了必用鸡蛋清作原料，体现洁白的基本特色，还常用茸料来完成营养搭配。茸料由动物性原料的肌肉组织加工而成。中式烹调师必须掌握茸料的以下性质。

（1）茸料的胶体特性。茸料的胶体特性是指茸料中胶态体系的稳定性。在茸料的胶态体系中，蛋白质起着重要的作用。蛋白质胶体有良好的稳定性，暴露在蛋白质大分子表面的许多亲水基团在水溶液中能与水结合，起水化作用。

肌肉中的活性蛋白是形成胶态体系的胶体粒子，它们相互交联在一起，形成一个有组织的空间网络结构。未结合部位蛋白质大分子的水化作用和网状结构的毛细管作用使得茸料能持有大量水分，给成品带来良好的咀嚼性和嫩度。

茸料胶态体系的稳定性使茸料具有一定的弹性，并保有水分。

（2）茸料的弹性。茸料的弹性就是指茸料的伸缩强度特性。这是由茸料中蛋白质的凝结强度所决定的。茸料拥有弹性的主要因素是肌原纤维蛋白。

肌原纤维蛋白包括肌球蛋白、肌动蛋白、肌动球蛋白等。这些蛋白质占肌肉蛋白质总量的 40%~60%，使肌肉保持一定的形态和结构。从肌肉中将这些蛋白质提取出来，肌纤维的形状和结构即遭受破坏，肌肉的形体和结构也随之消失。在加工成熟的肉中，肌球蛋白与肌动蛋白结合成肌动球蛋白。肌动球蛋白是影响茸料弹性、嫩度及其他性质的重要因素。

除蛋白质的影响外，水也对茸料的弹性起着关键的作用。大多数茸料都需掺入一定量的水分，使茸料中的蛋白质充分吸水，提高茸胶的嫩度和量。除此以外，在茸料中掺入鸡蛋清、淀粉，对提高茸料的弹性、黏度和保水率都具有一定的作用。

3. 淀粉

鸡蛋清、茸料和作为调料的淀粉都对芙蓉菜的白嫩效果起着重要的作用。

（1）淀粉的种类。用于烹饪的淀粉根据其加工原料不同分为小麦淀粉、玉米淀粉、土豆淀粉、绿豆淀粉、菱角淀粉、甘薯淀粉、木薯淀粉、豌豆淀粉、藕淀粉等。

1）小麦淀粉。小麦淀粉又称澄面、澄粉等，是用小麦粉做面筋时的副产品，色白、细滑。饮食行业中普遍使用小麦淀粉进行上浆和勾芡。小麦淀粉易沉淀于水底，使用时需搅匀，是制作芙蓉菜的首选淀粉。

2）玉米淀粉。玉米淀粉又称粟粉，是从玉米中提炼而出的精粉，色洁白，在粤菜中被普遍使用，用于上浆和勾芡。玉米淀粉受热后糊化的程度要高于小麦淀粉（在行业中称为"劲足"）。

3）土豆淀粉。土豆淀粉由马铃薯制成，色洁白且有光泽，质地细腻，黏性大，吸水性较差。其中，土豆精淀粉的黏性是普通土豆淀粉的 3 倍左右，由荷兰进口，俗称风车粉，是烹调脆熘菜与烩菜的首选淀粉。

4）绿豆淀粉。绿豆淀粉由绿豆加工而成，质量是淀粉中相当好的，色白而带有淡青色，在烹饪中用于勾芡时效果好，无沉淀物。绿豆淀粉也用于制作淀粉制品，如凉粉、粉皮、粉丝等，制品韧性强。

5）菱角淀粉。菱角淀粉由水生植物菱的果实加工而成，俗称菱粉，质量相当好，与绿豆淀粉相仿，呈粉末状，色洁白且有光泽，用手搓捻时，手感细腻而光滑，黏性大，但吸水性较差，产量也较少。

6）甘薯淀粉。甘薯淀粉由甘薯加工而成，质量较差，色灰暗，粉粗糙，质轻，黏性差，但吸水性强，勾芡使用时要加大一些用量。现行业内大多不使用这类淀粉进行烹调，而多用其制作淀粉制品，如粉丝、粉皮等。

7）木薯淀粉。木薯淀粉色白、细腻，质量同玉米淀粉，在闽菜中使用较多。

8）豌豆淀粉。豌豆淀粉也称豆粉，质量与绿豆淀粉相仿。

9）藕淀粉。藕淀粉的吸水性特强，行业内不在勾芡中使用。

在饮食行业中，干淀粉加水调成的粉汁习惯上被称为水淀粉或湿淀粉。

（2）淀粉的性质。淀粉是由植物体进行光合作用生成的葡萄糖聚合而成的多糖。淀粉按结构可分为直链淀粉和支链淀粉。淀粉易分解，和水一起加热至60℃时可产生分子裂解，并在水解过程中产生多苷链片断，称为糊精。糊精可溶于凉水，有黏性。淀粉颗粒从吸收水分到体积增大，以至于断裂的过程，称为淀粉的溶胀。

在较高的温度下，支链淀粉从内部析出，吸收水分、体积膨胀、产生黏性的过程，称为淀粉的糊化。淀粉的糊化必须有充足的水分和适宜的温度，否则就不能彻底进行。烹调中的上浆、挂糊、勾芡都是利用淀粉的糊化达到目的的。淀粉的黏性取决于其支链淀粉的含量。淀粉糊化后黏性足，脱水后脆硬度好。

淀粉溶液缓慢冷却成淀粉凝胶后，若长期放置，则会变得不透明甚至产生沉淀，这称为淀粉的老化。淀粉的老化可视为糊化的逆转。

二、芙蓉菜原料的鉴别

1. 鸡蛋的鉴别

蛋品检验对烹调和蛋品加工质量起着决定性的作用。

鉴定鸡蛋的质量常用感官评定法和灯光透视评定法，必要时可进一步进行理化检验和微生物检验。感官评定法主要借助人的感觉器官（视觉器官、听觉器官、触觉器官、嗅觉器官等）来鉴别鸡蛋的质量。灯光透视评定法是一种既准确又行之有效的简便方法。

鸡蛋按照鉴别结果可分为新鲜鸡蛋、破损鸡蛋，以及陈、次鸡蛋。

（1）新鲜鸡蛋。新鲜鸡蛋蛋壳洁净，无斑点或斑块，无裂纹，有鲜亮的光泽，蛋壳表面有一层胶质薄膜，并附着白色或粉红色霜状石灰质粉粒，用手触摸有粗糙感，放在手中有沉甸甸的感觉；打开后，蛋黄呈隆起状，无异味，气室固定，不移动，蛋清浓厚透明，蛋黄位居中心或略偏，系带粗浓，无胚胎发育迹象。

（2）破损鸡蛋。灯光透视下观察到蛋壳上有很细的裂纹，将鸡蛋置于手中磕碰时有破碎声或哑声，则是破损鸡蛋。

（3）陈、次鸡蛋。在灯光透视下，陈鸡蛋的气室较大，蛋黄阴影明显，不在蛋的中央；次鸡蛋的蛋黄离开中心，靠近蛋壳，气室大。两者蛋白稀薄，系带变稀、变细，能明显看到蛋黄的影子，将鸡蛋转动，蛋黄阴影始终在鸡蛋的上侧。

2. 茸料的鉴别

茸料需符合以下条件。

（1）质地鲜嫩，色泽洁白。茸料的质地要新鲜、细嫩，色泽要洁白。选用制茸原料时，不能选择解冻的原料。制茸原料应为动物性肌肉组织的净料，其质地应鲜嫩，如制作鸡茸要选鸡里脊肉，制作肉茸要选猪里脊肉，制作鱼茸要选活杀后去皮、去骨、去红肌等的中段肉。

为保持茸料洁白，在剁茸前，对于一些略带血水的原料，都要略为漂洗，去掉其红色血水，以确保茸料晶莹透白，呈现芙蓉菜的特色。

（2）纯净、无杂质，呈胶体状。制作芙蓉菜的茸料必须纯净，在剁茸前，肌肉组织必须加工并清洗干净，要去除外皮、筋膜之类的结缔组织，以及软骨、鱼刺之类的骨骼组织。同时，要在制茸时注重刀具与砧板的卫生，勿使杂物混入茸料中。

（3）细腻、紧实，黏性足，有弹性。茸料要剁得细腻，用双刀排剁，这样才能呈胶体状，黏性足，不易澥，可塑性强，质地软嫩而具有一定的弹性。

3. 淀粉的鉴别

一般正规厂商生产的、在保质期内的淀粉都是符合质量要求的，无须特别鉴别。

三、芙蓉菜原料的刀工处理

1. 芙蓉菜原料的刀工要求

（1）手工加工制茸的刀工要求。要去净原料中的皮、筋、膜、骨、刺等，茸料要剁得越细越好，并且要保持洁白、纯净。原料刀工处理得越细腻，形成的茸料亲水性越强，持水能力越强，可溶性蛋白越易溶出，从而使茸料越黏稠，同时，成菜后越看不见掺入的茸料，食其味而不见其形。

（2）机械加工制茸的刀工要求。机械加工制茸主要使用粉碎机，要求投料准确，搅拌每次不超过 3 分钟，按一个方向搅拌，茸料要达到色白细腻的要求。机械加工制茸的主要优点是速度快，但其质量效果不及手工加工制茸。

（3）其他形态原料的刀工要求。芙蓉菜的一种制法是将原料切成片状或剞成球状，与鸡蛋清混合后炒熟，如芙蓉里脊、芙蓉鱼片、芙蓉明虾球等。在制作这种菜肴时，就要求用精细的刀工处理原料，使其形态符合要求。例如，里脊片和鱼片要批得薄些，上浆前都要用清水漂洗干净，并吸去水分；明虾球要用刀批去虾身中富含虾青素的部分，不然成熟后虾球会发红。

2. 芙蓉菜原料的刀法运用

芙蓉菜原料的刀法运用主要是指制茸时的刀法运用，通常运用剔、拍、切、剁、背刀等刀法。

具体鱼茸、虾茸、鸡茸、肉茸等的刀法运用参阅项目 1 的相关内容。

四、芙蓉菜的调制

1. 茸料与鸡蛋清的调和

当使用到茸料时，一般在烹制芙蓉菜前要做好茸料与鸡蛋清的调制，实际操作中会形成芙蓉嫩茸胶（浆）和芙蓉蛋泡嫩茸胶（浆）等。

（1）芙蓉嫩茸胶（浆）。芙蓉嫩茸胶（浆）主要使用的茸料为鸡茸，除此以外的主要原料为鸡蛋清。

调和时，先将鸡茸用清水（或冷鸡汤）化开，加适量葱姜汁、精盐和干淀粉等调和成水淀粉状的茸料混合液；再将鸡蛋清用竹筷搅散，注意不要起泡，然后分次和入茸料混合液中。注意不可直接将茸料倒入鸡蛋清中混合，这样会使茸料结团，很难再充分分散到鸡蛋清中去。

鸡蛋清与茸料、清水掺和形成芙蓉嫩茸胶（浆）。用芙蓉嫩茸胶（浆）制作的成菜十分软嫩，相关菜肴有芙蓉鸡片、芙蓉鲜奶、鸳鸯鸡粥等。

（2）芙蓉蛋泡嫩茸胶（浆）。芙蓉蛋泡嫩茸胶（浆）取用原料与芙蓉嫩茸胶（浆）一样，所不同的是后者不用将鸡蛋清打发起泡，搅散和匀即可，前者则需要将鸡蛋清打发起泡，再和入茸料混合液中。蛋清打发起泡后，质地蓬松鲜嫩，色泽洁白，引人食欲。相关菜肴有鸡茸鱼肚、香炸云雾、鸡茸豆花汤、雪花海参等。

需要注意的是，当加入的水量较多，调和物会变稀，芙蓉嫩茸胶和芙蓉蛋泡嫩茸胶就会变成芙蓉嫩茸浆和芙蓉蛋泡嫩茸浆。

■ 芙蓉蛋泡嫩茸胶（浆）的调和关键是搅打鸡蛋清成泡（注意要用鸡蛋清，鸭蛋清打发不起泡）。通过搅打旋转，蛋液层产生切变应力，应力作用于液体，导致液体向旋转的中心紧缩，使得蛋白质大分子的多肽链特有的规则排列发生了变化，保持蛋白质空间构象的弱链断裂，破坏了多肽链的特定排列，引起蛋白质变性。

在搅打中，蛋白质分子内部的多肽链结合强度减弱，使气、液边界上的许多类分子钻到蛋白质大分子的链状结构中间。随着搅打的次数增多，进入链状结构中间的分子越来越多，蛋白质体积不断胀大，最终形成蛋泡。

鸡蛋清起泡是在温度较低、暴露时间短的情况下发生的，只涉及蛋白质的三、四级结构，因此这种变性是可逆的，即鸡蛋清发泡后不久还可以还原成原样，但会变得不易再起泡，这是由于蛋白质空间结构组织已遭到破坏的缘故。因此，鸡蛋清打发起泡后需立即使用。新鲜鸡蛋的浓蛋白较多，蛋白质分子中的水化层较厚，其黏性较强，应力较大，故易起泡。

搅打时应顺着一个方向，至其充分起泡即止。通常用打蛋器高速旋转或用竹筷快速抽打的方法进行打发，抽打速度一般为 4 次 / 秒，以竹筷能立于蛋泡中而不倒为标准。

2. 芙蓉菜原料的调味

芙蓉菜调味时不加有色调料，以确保白嫩的特色，使色彩和谐，其口味都是咸鲜的，比较清淡。主要用的调料有精盐、葱姜汁、淀粉等。

精盐在制芙蓉嫩茸胶（浆）和芙蓉蛋泡嫩茸胶（浆）中的主要作用是溶解肌动球蛋白，使溶液黏稠。水解茸料时，需加盐 2%~2.5%（指盐的重量占原料重量的比例），离子强度在 0.6 时，适宜肌动球蛋白溶出。

葱姜汁起去腥、去异味的作用，代替黄酒使用。因黄酒中含乙醇，乙醇会分解蛋白质，加入时间稍长会使茸料发酵变酸，因此不能在制茸中使用，而以葱姜汁代替。

淀粉在芙蓉嫩茸胶（浆）和芙蓉蛋泡嫩茸胶（浆）中起重要的作用。搅拌后，淀粉在嫩茸胶（浆）中不溶于水，而是以均匀的颗粒分布其间，吸收少量水分。而在加热嫩茸胶（浆）时，高温下的淀粉颗粒会大量吸水膨胀，体积增加几十倍，形成具有高黏度特点的胶状体。

五、芙蓉菜的烹制

芙蓉菜品种多样，操作精细，烹制方法可分为以下几类。

1. 炒制法

（1）操作方法

1）先将茸料和水、精盐、淀粉等按比例调和，再将搅散、搅匀的鸡蛋清逐步加入调匀成芙蓉嫩茸浆。

2）将炒锅置火上，用旺火烧热并滑锅，放入精制油，烧至五成热时，将芙蓉嫩茸浆倒入油中拉成片状，待其浮起结片时，倒入漏勺中沥油（辅料先放在漏勺中）。

3）锅中放入黄酒、精盐、清汤、味精，用水淀粉勾芡，将漏勺中的原料上下垂直抖两下，沥出更多的油，倒入锅中颠炒两下，即可起锅装盘。

（2）相关菜肴。用炒制法制成的芙蓉菜有芙蓉鸡片等。

芙蓉鸡片的辅料是彩色的，通常有熟火腿片、黑木耳、菠菜叶等。粤菜中的芙蓉鲜奶则是用鲜牛奶代替水和茸料，也是用滑油方法炒成。用炒制法制芙蓉菜都需进行两次调味，即调制芙蓉嫩茸浆时调味和炒制兑汁时调味。

2. 炸制法

运用炸制法的芙蓉菜都是利用蛋泡糊塑形，因用低油温炸制，又称汆制法。

（1）操作方法

1）将鸡蛋清打发起泡，至竹筷直立蛋泡中不倒为好，再均匀撒上干淀粉，将蛋泡拌和，使蛋泡产生"骨感"（炸后能起一层硬壳），备作辅料。主料为鲜嫩的无骨、无刺、无皮、无筋的净料，如鱼条、鸡条、软性虾茸胶等，这些净料先用葱姜汁、精盐、胡椒粉、味精与鸡蛋清上浆。

2）将炒锅置火上，用精制油起油锅，至油温达二三成热时改小火，再给上浆的原料撒上些许干淀粉，逐一挂蛋泡糊，抹匀糊浆后，入油锅内汆，在其浮起时逐个用竹筷翻身，约1分钟后逐个取出，待油温稍回升后，再一起放入汆半分钟即可。

（2）相关菜肴。用炸制法制成的芙蓉菜有银鼠鱼条、香炸云雾、高丽鸡条、夹沙香蕉等。

3. 烧制法

烧类芙蓉菜采用"旺火—中火—旺火"的火力调节方式进行烹制，采用冲拌芙蓉蛋泡嫩茸浆的方法，需两次调味。

（1）操作方法

1）将鸡蛋清打发起泡至上劲，加入鸡茸与冷鲜汤、葱姜汁、精盐、味精、干淀粉调和，搅拌均匀成芙蓉蛋泡嫩茸浆。

2）使主料成熟后，略勾芡，使汤汁较宽，下入些明油，随即倒入芙蓉蛋泡嫩茸浆，在旺火中轻轻推匀，翻拌几下，再放些油，推匀、翻一下，使之成熟，均匀包裹在主料上，即可起锅装盘。

烹调中要掌握两次加油方式：勾芡后加第一次，使汤汁稠浓后出现光泽，芙蓉蛋泡嫩茸浆入锅后出现光亮；推、翻一下后，再放些油，推匀、翻一下即可。

芙蓉蛋泡嫩茸浆不能多烧，不能多搅拌，不然容易化水。

3）起锅装盘后，再在上面均匀撒上少许熟火腿末。

（2）相关菜肴。用烧制法制成的芙蓉菜有雪花鱼肚、雪花蹄筋等。

4. 烩制法

烩类芙蓉菜是冲入芙蓉嫩茸浆后制成的，汤汁与原料各占一半，需两次调味。

（1）操作方法

1）先向茸料中加入葱姜汁、精盐、味精、淀粉，再徐徐加入鸡汤调开，再加入搅散的鸡蛋清，成芙蓉嫩茸浆。

2）将炒锅置火上，放入鸡汤、精盐、味精，烧开后用水淀粉勾芡，再将芙蓉嫩茸浆徐徐倒入，用勺子轻轻推匀，待将沸时，加入精制油，继续推匀，使油渗入原料中，起锅装盘。

另一种烩制法是取用熟鸡蛋的蛋白做配料，待主料成熟后，将其放入，使其漂在烩菜上，称为"春白"。

（2）相关菜肴。用烩制法制成的芙蓉菜有鸳鸯鸡粥、翡翠鸡淖、稀卤蹄筋、春白烩鲍片等。

5.蒸制法

（1）操作方法

蒸类芙蓉菜大多是花色工艺菜，有两种操作方法。

1）操作方法一。先制作蛋清饼，即将鸡蛋清搅散而不打发起泡，加水后（鸡蛋清与水的比例为1∶1）充分拌匀混合（或向鸡蛋清中掺入鸡汤，再打散、去掉浮沫），将其放在汤盆内，上笼用小火慢慢蒸。这类芙蓉菜都要在饼面上做图案，因此需在蒸制到蛋清饼表面凝结时将其取出，撒上一些干淀粉，用原料摆上图案后继续将其蒸到成熟。最后，将有图案的蛋清饼放在菜肴上面。

用旺火蒸易使蛋清饼出现空洞或蛋水分离，这是蛋白质快速凝固而挤出水分导致的。因此，蒸蛋清饼时应用小火。

2）操作方法二。以芙蓉菜为例，将鸡蛋清打发起泡上劲，加入干淀粉拌匀，将蛋泡糊放在蟹壳上（此时蟹粉已炒熟），用香菜叶、火腿末点缀一下，上笼将蛋泡糊蒸熟，成芙蓉蟹斗；将蛋泡糊放调羹上堆起，做两只"鸳鸯"，上笼用小火慢慢蒸熟后放在汤面上，成鸳鸯戏水。

（2）相关菜肴。用蒸制法制成的芙蓉菜有芙蓉鸽松、芙蓉蟹斗、芙蓉海底松、鸳鸯戏水等。

6.氽制法

（1）操作方法

氽类芙蓉菜都是以氽的烹调方法制成的花色汤菜，有两种操作方法。

1）操作方法一。以鸡茸豆花汤为例，先将鸡蛋清打发起泡上劲，再向鸡茸中加入冷鸡汤，徐徐化开，加入精盐、葱姜汁、味精、干淀粉调匀，再将两者搅匀成芙蓉蛋泡鸡茸浆；将芙蓉蛋泡鸡茸浆入沸汤中氽熟；最后先将汤装盆，再把鸡茸豆花放在汤面上，撒上火腿末。

2）操作方法二。先将鸡蛋清打发起泡上劲，拌入干淀粉；再将口蘑片或鱼片用黄酒、精盐、味精、胡椒粉腌制一下，撒上一些干淀粉，将原料逐片裹上蛋泡糊；将裹上蛋泡糊的原料下入有调料的汤中，待氽熟后，捞出入汤碗中。原料应漂浮汤面，洁白鲜嫩。

（2）相关菜肴。用汆制法制成的芙蓉菜有鸡茸豆花汤、鸡蒙口蘑汤、漂浮鱼片汤等。

八、芙蓉菜制作的关键

1. 选料严谨

芙蓉菜原料要确保新鲜，制茸原料一定要取用嫩的净料。

2. 刀工处理精细

茸料刀工处理要精细，确保茸料细腻、洁白、纯净。

3. 准确调和

芙蓉嫩茸胶（浆）的调制应先用冷鸡汤或水化茸，加入精盐、葱姜汁、味精、干淀粉调匀后，再将鸡蛋清搅散加入，一起搅匀。要注意鸡蛋清、茸料、鸡汤、淀粉等之间的比例。芙蓉蛋泡嫩茸胶（浆）也需如此准确调和。

4. 鸡蛋清打发、调制到位

鸡蛋清打发起泡要上劲，至立筷子不倒为止。用于烧制、汆制时，一般不用拌入干淀粉；用于炸制时，则需拌入干淀粉，起"骨子"的作用。

5. 准确调味

芙蓉菜制作中不加有色调料，口味都是咸鲜的，要掌握好调料量，勿使太咸。

6. 现调现用

蛋泡糊与芙蓉嫩茸胶（浆）、芙蓉蛋泡嫩茸胶（浆）要现调现用，时间一长会化水。

7. 合理烹制

采用炒制法时，应用纯净植物油，在芙蓉嫩茸胶（浆）滑油凝固后，要将其倒入漏勺内沥油，勿使太油腻。

采用炸制法时，油温达二三成热时，要改用小火。

采用蒸制法时，要用小火慢慢蒸，或开笼露缝隙蒸，勿使原料起孔或化水。

操作技能

芙蓉鸡片

操作准备

工具准备

（1）塑料砧板1块（长40 cm，宽30 cm，厚3 cm）。

（2）刀具2把（1把批刀，1把文武刀）或粉碎机1台。

（3）手勺1把（3两勺头）。

（4）漏勺1把（直径24 cm）。

（5）竹筷1双。

原料准备

主料

鸡蛋6个。

辅料

鸡里脊肉50 g，熟火腿片15 g，菠菜（或鸡毛菜）20 g，黑木耳20 g。

调料

清汤600 mL，葱姜汁10 mL，精盐7 g，水淀粉50 mL，味精7 g，黄酒10 mL，胡椒粉1 g，精制油。

步骤1 主料、辅料处理

（1）将鸡蛋磕破，分离出鸡蛋清。

（2）剔除鸡里脊肉中间的大筋，如图3-1所示，用刀将去筋后的鸡里脊肉排剁成细茸。

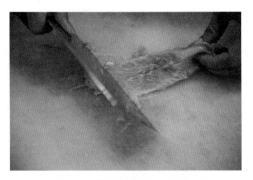

图3-1 剔除鸡里脊肉中间的大筋

（3）将熟火腿片煮一下后进行冷却，再将其切成菱形小片。

（4）将菠菜摘除一小段梗后洗净，黑木耳涨发洗净。

步骤2 调制

（1）取碗将鸡茸放入，用清汤50 mL化开鸡茸，再加入精盐3 g、葱姜汁10 mL、味精2 g和水淀粉40 mL调和均匀。

（2）将鸡蛋清用竹筷轻轻搅散，再逐步与鸡茸混合液一起搅和均匀，如图3-2所示，形成芙蓉鸡茸浆。

图3-2 将鸡蛋清与鸡茸混合液逐步搅和均匀

步骤3 烹制

（1）将炒锅置火上，烧热后用油滑锅，加入精制油1000 mL，加热至四五成热时，改中火，用手勺舀芙蓉鸡茸浆以快速拉片的方式浇入，如图3-3所示。全部浇入后，用手勺轻搅，使芙蓉鸡茸浆凝固浮起在油面上，将辅料放在漏勺上，将凝固的芙蓉鸡片倒入漏勺内沥油。

图3-3 拉芙蓉鸡片

（2）向炒锅内放入黄酒10 mL、清

汤 550 mL、精盐 4 g、胡椒粉 1 g、味精 5 g，烧开后用水淀粉 10 mL 勾芡，将漏勺内的原料上下颠一下，沥去更多的油，倒入锅中颠炒两下，如图 3-4 所示，即可装盘。

图 3-4　炒制

操作关键

1. 鸡蛋要新鲜，鸡茸要排剁得细腻、纯净、无杂质。

2. 调和芙蓉鸡茸浆时不能有结团现象，要注意调和顺序，以及主料、辅料、调料之间的比例。

3. 熟火腿片要煮一下，以减轻一些咸味。

4. 油要精制干净，要掌握好油温和火力。

5. 鸡片凝固后，要倒入漏勺内尽量沥去油，不然含油太多会影响成菜质量。

6. 在调制芙蓉鸡茸浆和炒制时进行两次调味，要调成适宜的咸鲜味。

质量指标

1 色泽：洁白，配色鲜艳。

2 质感：滑嫩，肥而不腻。

3 口味：清淡带鲜。

4 香味：清雅。

5 形态：装盘美观。

炒鲜奶

操作准备

工具准备

（1）塑料砧板1块（长40 cm，宽30 cm，厚3 cm）。

（2）批刀1把。

（3）手勺1把（3两勺头）。

（4）漏勺1把（直径24 cm）。

原料准备

主料

鸡蛋6个，牛奶250 mL。

辅料

熟火腿20 g。

调料

精盐3 g，味精1.5 g，上汤50 mL，水淀粉80 mL，精制油，葱白少许。

操作步骤

步骤1 主料、辅料处理

（1）将鸡蛋磕破，分离出鸡蛋清。

（2）将熟火腿切成末。

（3）将葱白切成小粒。

步骤2 调制

（1）将牛奶200 mL倒入大碗中，加精盐1 g、味精0.5 g、水淀粉50 mL调和均匀。

（2）将鸡蛋清略搅散，逐步加入牛奶溶液中，搅和均匀，成蛋奶浆。

步骤3 烹制

（1）将炒锅置火上，烧热后用油滑锅，再放入精制油500 mL，至油温达三成热时改小火，将蛋奶浆倒入，如图3-5所示；用手勺渐渐推开，待蛋奶浮起成片状时，倒入漏勺内沥油，如图3-6所示。

图3-6 沥油

（2）锅内放入葱白粒、上汤，以及剩余的牛奶、精盐、味精，烧开后用水淀粉勾芡，将漏勺中沥尽油的蛋奶片倒入，翻锅两下，堆起装盘，撒上熟火腿末即成。

图3-5 倒入蛋奶浆

操作关键

1.鸡蛋、牛奶要新鲜。

2.蛋奶浆要调和均匀，要掌握好水淀粉与鸡蛋清、牛奶之间的比例。

3.烹制前要滑锅，不能使原料粘锅。

4.炒蛋奶时用中小火，油温控制在二三成，勿使其炒焦、结块。

5.兑汁要牛奶、上汤结合，增加奶香味和鲜味。

6.漏勺中凝结的蛋奶片要沥尽油，勿使成品肥腻。

质量指标

1　色泽：洁白，配色鲜艳。

2　质感：滑嫩，肥而不腻。

3　口味：清淡，略带咸鲜味。

4　香味：奶香清雅。

5　形态：装盘美观。

鸳鸯鸡粥

操作准备

工具准备

（1）塑料砧板1块（长40 cm，宽30 cm，厚3 cm）。

（2）刀具2把（1把批刀，1把文武刀）或粉碎机1台。

（3）手勺1把（3两勺头）。

（4）网筛1个。

（5）调羹1只。

原料准备

主料

鸡里脊肉150 g。

辅料

鸡蛋清（6个鸡蛋的量），绿菜叶75 g。

调料

精盐3 g，味精2 g，鸡汤500 mL，干淀粉30 g，水淀粉30 mL，葱姜汁10 mL，黄酒10 mL，食碱1 g，精制油。

操作步骤

步骤1　主料、辅料处理

（1）将鸡里脊肉剔除筋，用刀排剁或用粉碎机制成细茸。

（2）将绿菜叶下开水锅，加入食碱水（用少量水溶解食碱后形成）烫一下，捞起，用冷水漂凉，捞出，挤去水分。将绿菜叶剁细，用网筛过滤成菜泥待用。

处理后的原料形态如图3-7所示。

图3-7　处理后的原料形态

步骤2　调制

将鸡茸放入碗中，先加干淀粉、鸡蛋清、精盐1 g、葱姜汁10 mL、味精1 g调开，再徐徐加入鸡汤100 mL，边倒边搅至调匀上劲为止，制成芙蓉鸡茸浆待用。

步骤3　烹制

（1）将炒锅置火上，先放鸡汤400 mL，加黄酒10 mL、精盐2 g、味精 1 g 烧沸，用水淀粉勾薄芡，随即将芙蓉鸡茸浆徐徐倒入，同时用手勺轻轻推动，如图 3-8 所示，待鸡茸将沸时，加入精制油 50 mL，继续搅匀，待油渗进鸡粥内，将 3/4 鸡粥出锅装盆。

图 3-8　烧制鸡粥

（2）锅内留 1/4 鸡粥，向锅内加入菜泥，推匀，使之呈绿色，如图 3-9 所示。

图 3-9　烧制菜泥鸡粥

（3）用手勺将呈绿色的鸡粥装入盆内并勾勒出太极形中间的曲线（绿、白两部分各占表面 1/2）。然后用调羹取盆内的白色鸡粥，将之倒入绿色部分，使之成小圆形；取绿色鸡粥，将之倒入白色部分，使之成小圆形。

操作关键

1. 鸡茸原料要选用质地细嫩的鸡里脊肉。

2. 芙蓉鸡茸浆不宜调和得太厚。

3. 将绿菜叶焯水时，要放少许食碱水；焯水后要马上用冷水漂凉，使菜叶保持翠绿。

4. 菜泥要刹细，不能看到颗粒、碎片。

5. 一定要用水淀粉勾薄芡后再下入芙蓉鸡茸浆。

质量指标

1. 色泽：绿白相映。

2. 质感：滑嫩，肥而不腻。

3. 口味：清淡带鲜。

4. 香味：清雅。

5. 形态：双色对称、美观。

鸡茸豆花汤

操作准备

工具准备

（1）塑料砧板1块（长40 cm，宽30 cm，厚3 cm）。

（2）刀具2把（1把批刀，1把文武刀）或粉碎机1台。

（3）手勺1把（3两勺头）。

（4）漏勺1把（直径24 cm）。

原料准备

主料

鸡里脊肉200 g，鸡蛋6个。

辅料

熟火腿15 g，豌豆苗25 g。

调料

清汤1500 mL，精盐10 g，味精3 g，葱姜汁10 mL，黄酒10 mL，干淀粉30 g，胡椒粉1 g。

操作步骤

步骤 1　主料、辅料处理

（1）将鸡里脊肉去筋，排剁成细茸。

（2）将鸡蛋磕破，分离出鸡蛋清。

（3）将熟火腿切成末。

（4）将豌豆苗去除粗梗，洗净。

步骤 2　调制

（1）将鸡茸放入碗内，徐徐加入清汤（冷）200 mL 化开，如图 3-10 所示，再加入干淀粉 30 g、葱姜汁 10 mL、味精 1 g、精盐 2 g 调匀。

图 3-10　化开鸡茸

（2）将鸡蛋清打发起泡上劲，如图 3-11 所示。打发成形状态如图 3-12 所示。

（3）拌入鸡茸，调匀成芙蓉蛋泡鸡茸浆，如图 3-13 所示。

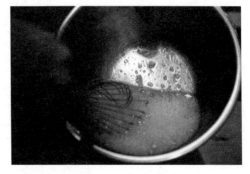

图 3-11　打发鸡蛋清

图 3-12　打发成形

图 3-13　拌入鸡茸调匀

步骤 3　烹制

（1）将炒锅置火上，放入清汤 1300 mL、精盐 8 g、味精 2 g、胡椒粉 1 g、黄酒 10 mL，待汤煮沸后倒入芙蓉蛋泡鸡茸浆；用手勺不断轻轻搅动，使芙蓉蛋泡鸡茸浆成熟，结成雪白的豆花状，如图3-14所示；撒入豌豆苗略烫；用漏勺捞起鸡茸豆花，先装汤入盆，再将漏勺中的鸡茸豆花放在汤上面。

图3-14　烹制

（2）均匀撒上熟火腿末，即成。

操作关键

1. 鸡蛋要新鲜，鸡茸要排剁得细腻、纯净。

2. 调和芙蓉蛋泡鸡茸浆时要注意掌握干淀粉与清汤、主料等之间的比例。

3. 鸡蛋清要打发起泡上劲，现打现用。

4. 汤烧开后，再将芙蓉蛋泡鸡茸浆下锅，要轻轻搅动，直至成熟。

质量指标

1　色泽：洁白，红、绿相映。

2　质感：滑嫩，入口即化。

3　香味：清雅。

4　形态：鸡茸豆花在汤面堆起，装盆美观。

练习与检测

一、判断题（将判断结果填入括号中，正确的填"√"，错误的填"×"）

1. 茸的颗粒要比蓉的颗粒大。 （　　）

2. 制蓉需加入一定量的淀粉，这样才有利于增加黏性，便于成形。 （　　）

二、单项选择题（选择一个正确的答案，将相应的字母填入题内的括号中）

1. 制蓉过程中，为使其更好地上劲，搅拌方向应（　　）。

A. 始终朝一个方向

B. 顺时针、逆时针两个方向轮流采用

C. 以顺时针方向为主、逆时针方向为辅

D. 没有讲究

2. 淀粉不溶于水，在和水加热至（　　）℃时糊化成胶体溶液。

A. 40　　　　　　B. 60　　　　　　C. 80　　　　　　D. 100

三、多项选择题（选择两个或两个以上正确的答案，将相应的字母填入题内的括号中）

1. 提高茸、蓉黏性和弹性，使其油润光滑、口感细腻、气味芳香的原料是（　　）。

A. 鸡蛋清　　　B. 猪肥膘　　　C. 油　　　D. 鸡蛋

E. 高汤

2. 为使芙蓉菜更易成形，应加入的原料是（　　）。

A. 水　　　　　B. 鸡蛋清　　　C. 淀粉　　　D. 精盐

E. 葱、姜、酒

参考答案

一、判断题

1.× 2.√

二、单项选择题

1.A 2.B

三、多项选择题

1.ABC 2.BCD